小学生 C++ 编程启蒙

（下册）

上海宝牙科技发展有限公司 ◎ 主编

清华大学出版社
北京

内 容 简 介

本书以"故事＋漫画"的形式展开，将 C++ 语言编程的基础知识和小学生身边的计算机编程日常应用相结合，借助动画人物讲授知识。本书弱化了对编程语法知识的讲解，侧重于编程的原理和应用，通过一个个小故事让小学生掌握编程的方法和思路。同时，本书将科学家精神、创新思维和创新理念融入故事中，可以培养和提升小学生的 STEAM 素养。

本书可作为小学生 C++ 编程的培训教材，也可供计算机编程爱好者阅读和参考。

图书在版编目（CIP）数据

小学生 C++ 编程启蒙 / 上海宝牙科技发展有限公司主编 . —北京：清华大学出版社，2023.10
ISBN 978-7-302-64316-6

Ⅰ. ①小…　　Ⅱ. ①上…　　Ⅲ. ① C++ 语言 – 程序设计 – 少儿读物　　Ⅳ. ① TP312.8

中国国家版本馆 CIP 数据核字（2023）第 144363 号

责任编辑：郭　赛
封面设计：杨玉兰
责任校对：郝美丽
责任印制：曹婉颖

出版发行：清华大学出版社
　　　　　网　　　址：http://www.tup.com.cn, http://www.wqbook.com
　　　　　地　　　址：北京清华大学学研大厦 A 座　　　　邮　　编：100084
　　　　　社 总 机：010-83470000　　　　　　　　　　邮　　购：010-62786544
　　　　　投稿与读者服务：010-62776969, c-service@tup.tsinghua.edu.cn
　　　　　质量反馈：010-62772015, zhiliang@tup.tsinghua.edu.cn
　　　　　课件下载：http://www.tup.com.cn, 010-83470236
印 装 者：三河市铭诚印务有限公司
经　　销：全国新华书店
开　　本：203mm×260mm　　　　印　张：27.5　　　　字　数：501 千字
版　　次：2023 年 10 月第 1 版　　　　　　　　　　印　次：2023 年 10 月第 1 次印刷
定　　价：108.00 元（全两册）

产品编号：101723-01

丁丁老师

宝牙编程学院的信息老师，授课形象生动，很有耐心，深受学生喜欢，精通 Scratch、C++、C# 等多门语言，能够利用计算机语言编写动画、游戏、各类 App 等。

大　宝

宝牙编程学院的帅气男孩，思维活跃，爱动脑筋，喜欢运动，乒乓球打得超级棒，喜欢利用 Scratch、C++ 编写各类小游戏。

大　牙

宝牙编程学院的机灵鬼，想象力丰富，爱动脑筋，问题多，擅长利用 Scratch 制作动画，C++ 也很厉害，一般的程序都难不倒他。

班级花名册

学　号	姓　名	性　别
190101	大宝	男
190102	大牙	男
190103	小柯	女
190104	木木	男
190105	星星	女
⋮		
190130	壮壮	男

少儿编程火了！

2017 年 7 月，国务院发布新一代人工智能国家战略。该战略明确提出"实施全民智能教育项目，在中小学阶段设置人工智能相关课程，逐步推广编程教育。"此后，少儿编程教育犹如雨后春笋般在全国各地迅速开展，并蓬勃发展。

笔者从 2017 年开始接触少儿编程教育，此前在大学从事计算机编程的一线教学工作。从 2017 年至今，笔者见证了少儿编程教育从原来的无人知晓到现在的家喻户晓。随着学习编程的中小学学生人数的逐年增多，随之而来的问题就是——以前在大学阶段开设的计算机编程课程，现在全面提前到中小学阶段，很多中小学学生无法适应大学阶段的教学方法，往往会在学习一段时间后，因不能入门而遗憾退出。

如何才能让中小学学生更容易地学习编程呢？这是笔者一直在探索的问题。经过多年的教育教学实践，笔者发现，大学阶段的编程教学一般从程序设计语言的语法讲起，十分枯燥，很容易让中小学学生失去学习的兴趣和动力。于是，在后来的教学中，笔者逐渐改变教学模式，首先弱化语法，从编程的应用出发，给学生展示编程的应用场景，再讲解编程的思路，最后给出程序的实现代码。这样一来，学生就能够知道自己编写的这些代码的作用，然后就可以厘清编程的思路，最后完成整个

程序，难度就会大幅下降。只要程序的功能实现了，学生的成就感就会油然而生。随后，凭借一次非常幸运的机会，笔者加入了上海宝牙科技发展有限公司。该公司以大宝和大牙这两个卡通人物为主人公，进行科普知识的宣传和推广，深受小朋友的喜爱。公司的这种教学模式又给了笔者新的灵感——大宝和大牙如此深受小朋友的喜爱，何不让他们来担

任主角，把编程应用与大宝和大牙的生活联系起来，这样一来，小朋友就可以更容易地学习编程了。带着这个思路，笔者利用两年的时间编写了这本图书。希望本书能够激发小朋友学习编程的兴趣，成为小朋友学习编程的启蒙老师。

本书的特点如下：

（1）每课均由一个故事组成，或是疑难问题，或是身边趣事，每个故事均由笔者精心编写，饶有趣味；

（2）每课均配有精美的卡通插图，旨在帮助小朋友在学习编程的同时，放飞思维的想象，与大宝和大牙一起探索编程的奥秘。

笔者在编写本书的过程中得到了很多朋友的帮助和支持。首先感谢上海宝牙科技发展有限公司的李成、吴万华、茆福林、郁怀荣，他们给笔者提出了许多编写建议和思路；其次感谢盐城师范学院的王成成、尤文、朱峰等同学，他们参与了故事改编和稿件审核工作；最后感谢上海宝牙科技发展有限公司的臧杰、陈昕等设计师，她们绘制的精美插图让大宝和大牙的故事能够更加生动形象地展示给读者。

笔者在编写本书的过程中参考了网络上的一些文章和资料，由于来源广泛，无法一一列出，故在此一并表示感谢。

尽管笔者努力让本书趋于完美，但鉴于水平有限，书中难免存在错误和不足之处，期盼广大读者批评、指正。

上海宝牙科技发展有限公司

丁向民

2023 年 8 月

目 录

（下 册）

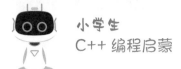
小学生
C++ 编程启蒙

第6单元

数　　组

丁丁老师走到大宝面前说："大宝，上次编程考试的成绩出来了，请你编写一个程序，实现成绩的查分功能。"

"好的，全班一共 30 个学生，要实现所有同学的成绩存储，需要 30 个变量，为了方便成绩查分，就以字母 + 学号的方式来定义变量名吧！"

```
int score1, score2, score3, …, score30;
```

丁丁老师 "大宝的思路没有问题，存储班级成绩确实需要 30 个变量，但观察发现，这 30 个变量不仅数据类型都是整型，而且功能属性也相同，为了方便表示这些变量，可以采用一种新型的数据类型，那就是数组。"

学　号	姓　名	编程成绩
1	大宝	score1
2	大牙	score2
3	小柯	score3
4	木木	score4
5	星星	score5
6	阿涛	score6
⋮	⋮	⋮
30	壮壮	score30

分 数 统 计

 "数组？什么是数组？"

 "数组就是把具有相同数据类型的若干变量按有序的形式组织起来，以便于程序处理，这些数据元素的集合就是数组。"

 "数组怎么表示呀？"

 "你上面表示的 30 个变量，利用数组表示如下。在这种数组定义中，score 表示数组名，30 表示该数组一共有 30 个分量，也就是 30 个整型变量。"

```
int score[30];
```

 "哦，变量定义一下子简化了这么多。那怎么使用呢？"

 "这 30 个整型变量分别是 score[0]，score[1]，score[2]，…，score[29]，使用方法和普通变量一样。"

 "这些数字与学号相差 1。"

 "这些数字也称为数组的下标，由于数组中的各元素是按照顺序存放的，所以数组下标可以认为是数组的序号，只不过这个序号是从 0 开始的。数组下标还有一个好处，就是可以用循环来遍历数组。知道了这些知识后，我们就可以编写程序实现学生成绩的查询了，注意，程序中有一个学生学号和数组序号之间的转换。"

案例 1： 根据学号查询成绩。

```
#include<iostream>
```

```
using namespace std;
int main()
{
    int n;
    int score[30];
    cout<<" 按学号输入 30 位同学的成绩：";
    for(int i=0;i<30;i++)
        cin>>score[i];
    cout<<" 请输入要查询的同学学号：";
    cin>>n;
    cout<<score[n-1];
    return 0;
}
```

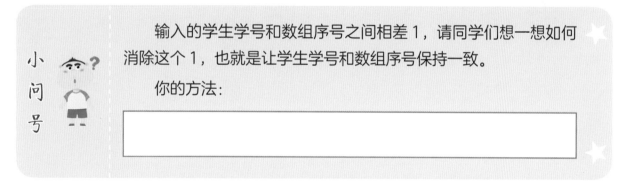

输入的学生学号和数组序号之间相差 1，请同学们想一想如何消除这个 1，也就是让学生学号和数组序号保持一致。

你的方法：

"啊哈，利用数组处理分数的代码真是太方便了。特别是能够利用循环来处理数组，能省下不少时间呢！"

"是的，利用数组把成绩存放起来后，我们可以对数据做各种处理，比如统计某一分数段的学生成绩、班级平均分、班级最高分等。下面的程序可以统计分数在 90 分以上和不及格的人数。"

案例 2：　统计分数在 90 分以上和不及格的人数。

```
#include<iostream>
using namespace std;
int main()
```

```
{
    int up90=0,down60=0;
    int score[30];
    cout<<"按学号输入30位同学的成绩: ";
    for(int i=0;i<30;i++)
        cin>>score[i];

    for(int i=0;i<30;i++)
    {
        if(score[i]>=90)
            up90++;
        if(score[i]<60)
            down60++;
    }
    cout<<"90分以上的同学人数为: "<<up90<<endl;
    cout<<"60分以下的同学人数为: "<<down60<<endl;
    return 0;
}
```

 课后练一练

1. 定义数组相当于在计算机内存中申请了一系列连续的内存空间，比如

```
int a[10];
```

相当于在内存中开辟了连续的10个整型空间，示意图如下所示。

下标 i	0	1	2	3	4	5	6	7	8	9
a[i]										

执行下面的程序，请将数组 a 的各元素值写入上图。

```
for(int i=0;i<10;i++)
    a[i]=i+1;
```

2. 数组的应用有很多，丁丁老师又写了一个求班级平均分的程序，不过丁丁老师留了两个空，让大宝把空填起来才能使用这个程序。请你帮助大宝一起完成吧！

```cpp
#include<iostream>
using namespace std;
int main()
{
    int score[30];
    int sum=0;
    float avg;
    cout<<" 按学号输入 30 位同学的成绩：";
    for(int i=0;i<30;i++)
    {
        cin>>score[i];
        _____(1)_____;
    }
    avg=____(2)____;
    cout<<" 班级的平均分为："<<avg<<endl;
    return 0;
}
```

3. 大宝"丁丁老师，程序的输入有点问题。"

丁丁老师"什么问题？"

大宝"一共有 30 个数，每次测试程序，都要输入好长时间，有没有快速的输入方式？"

丁丁老师"有呀！常用的方法有两种：一种是复制粘贴法，先把 30 个同学的成绩输入一个记事本或者 Word 文档，要在程序中输入数据时，将记事本或 Word 文档中的数据复制下来，然后在程序的输入界面直接粘贴就可以了；另一种是数据模拟法，当我们调试程序时，如果不需要真实数据，可以利用随机函数来自动生成一些模拟数据，比如这个就是快速生成 0~100 的模拟数据为数组赋值的代码。"

```cpp
srand(time(0));
```

```
for(int i=0;i<30;i++)
    score[i]=rand()%101;
```

大宝 "哦，这样太好了，就不用为每次输入很多数据发愁了！"

丁丁老师 "方法学到了，我给你布置一个题目练习一下吧！请你输入 30 个同学的成绩，输出班级最高分和班级最低分分别是多少。"

各分数段的人数

丁丁老师 "大宝，数组的好处你体会出来了没有？"

大宝 "体会出来了，有了数组，程序真是简化了很多。"

宝牙科学班级编程成绩分段统计表

丁丁老师 "那这次编程成绩，如果我想统计一下各分数段的人数，也就是 100、99~90、89~80、79~70、…、9~0 分这 11 个分数段的人分别是多少，你会编程吗？"

大宝 "这个程序好办，只需要把第 31 课的案例 2 拓展一下就行了。"

案例 1： 大宝的分数段统计算法。

```
// 定义 11 个变量来存储各分数段的统计人数
int s100=0,s90=0,s80=0,s70=0,…,s0=0;
// 下面是学生成绩输入，省略
…
// 根据各位同学的分数，进行分类统计
for(int i=0;i<30;i++)
{
    if(score[i]==100)      s100++;
    else if(score[i]>=90)  s90++;
    else if(score[i]>=80)  s80++;
    …
    else                   s0++;
}
```

"哈哈，大宝，你再来回顾一下什么是数组。"
（丁丁老师）

"数组就是把具有相同数据类型的若干变量按有序的形式组织起来，以便于程序处理，这些数据元素的集合就是数组。您第 31 课刚说的，我都背下来了。"
（大宝）

"很好，那你看你写的这个程序，s100、s90、s80 等等这 11 个变量，是否具有相同的数据类型？这些数据是否具有相同的功能？"
（丁丁老师）

"是具有相同数据类型，功能也相似。哦，我知道了！这 11 个变量也可以组成一个新的数组呀！"
（大宝）

"对的，学习了数组，当定义多个功能相似的变量时，要优先考虑利用数组，这样可以方便利用计算机处理。另外，学习要经常温故而知新。"
（丁丁老师）

"丁丁老师说的很对，经过您提醒，我记得以前学成绩划分为等级时，利用 switch 语句比利用 if-else 语句要简单，那这个程序就可以修改成这样。"
（大宝）

案例 2:　　大宝修改后的分数段统计程序。

```cpp
#include<iostream>
using namespace std;
int main()
{
    int score[30],level[11];
    for(int i=0;i<=10;i++)
        level[i]=0;
    cout<<"按学号输入 30 位同学的成绩: "<<endl;
    for(int i=0;i<30;i++)
    {
        cin>>score[i];
        switch (score[i]/10)
        {
            case 10:level[10]++;break;
            case 9:level[9]++;break;
            case 8:level[8]++;break;
            case 7:level[7]++;break;
            case 6:level[6]++;break;
```

```
            case 5:level[5]++;break;
            case 4:level[4]++;break;
            case 3:level[3]++;break;
            case 2:level[2]++;break;
            case 1:level[1]++;break;
            case 0:level[0]++;break;
        }
    }
    cout<<"100 分的同学人数："<<level[10]<<endl;
    for(int i=9;i>=1;i--)
    {
        cout<<i*10<<" 分以上 "<<(i+1)*10<<" 以下的同学人数：
"<<level[i]<<endl;
    }
    cout<<"10 分以下的同学人数："<<level[0]<<endl;
    return 0;
}
```

丁丁老师 "这个程序写得很棒，不过程序可以进一步改进。"

大宝 "还能改进？怎么改进？"

丁丁老师 "你认真观察一下你的 switch 语句，有没有发现 case 后面的数字和 level 数组的下标数字相同？"

大宝 "发现了，是相同，相同又怎么了？"

丁丁老师 "case 后面的数字是 score[i]/10 的值，既然它和 level 数组的下标数字相同，就可以直接利用 score[i]/10 作为数组的下标。"

大宝 "表达式怎么作为数组的下标？我还是不太明白。"

丁丁老师 "好的，那你看一下下面完整的程序。"

案例 3: 丁丁老师修改后的分数段统计程序。

```cpp
#include <iostream>
using namespace std;
int main()
{
    int score[30],level[11];
    for(int i=0;i<=10;i++)
        level[i]=0;
    cout<<" 按学号输入 30 位同学的成绩: "<<endl;
    for(int i=0;i<30;i++)
    {
        cin>>score[i];
        level[score[i]/10]++;
    }
    cout<<"100 分的同学人数: "<<level[10]<<endl;
    for(int i=9;i>=1;i--)
    {
        cout<<i*10<<" 分以上 "<<(i+1)*10<<" 以下的同学人数:
"<<level[i]<<endl;
    }
    cout<<"10 分以下的同学人数: "<<level[0]<<endl;
    return 0;
}
```

"呀!丁丁老师,数组还能这么用!这段代码也太简洁了吧!"

"这里数组下标可以从 0 到 10,也可以称为整型变量,也就可以将整型变量的值来放到数组下标中。"

"丁丁老师,怎么才能编出既简洁又高效的代码呢?"

丁丁老师 "这个问题问得好,一方面要多阅读一些高手编写的程序,另一方面就是要多思考、多动手。没有什么好办法,书山有路勤为径,老祖宗总结出来的道理同样适用在现代社会。"

课后练一练

1. 数组除了可以给数组元素一个个赋值外,还可以在定义时整体赋值,比如语句

```
int a[10]={1,2,3,4,5,6,7,8,9,10};
```

程序变量跟踪表

b[0]	b[1]

就是把 1 到 10 这 10 个数整体赋值给数组的 10 个元素,也就是 a[0]~a[9]。

下标 i	0	1	2	3	4	5	6	7	8	9
a[i]	1	2	3	4	5	6	7	8	9	10

现在执行下面的程序:

```
int a[10]={1,2,3,4,5,6,7,8,9,10};
int b[2]={0,0};
for(int i=0;i<10;i++)
    b[a[i]%2]+=a[i];
```

则 b[0]=__(1)__ ; b[1]=__(2)__ 。

2. 丁丁老师为了让同学们相互学习,组建了 5 个编程小组,每个小组 6 位同学,分组原则是根据学号划分,具体规则为:1 号同学是第 1 组,2 号同学是第 2 组,以此类推,5 号同学是第 5 组,6 号同学是第 1 组,7 号同学是第 2 组,以此类推,10 号同学是第 5 组,11 号同学是第 1 组,12 号同学是第 2 组。现在丁丁老师想知道每个小组的同学的总分分别是多少,请你帮助丁丁老师完成下面的程序。

```
#include<iostream>
using namespace std;
int main()
```

```
{
    int score[30],group[5];
    for(int i=0;i<=4;i++)
        group[i]=0;
    cout<<" 按学号输入 30 位同学的成绩："<<endl;
    for(int i=0;i<30;i++)
    {
        cin>>score[i];
        group[ (1) ]+= (2) ;
    }
    for(int i=0;i<=4;i++)
        cout<<" 第 "<<i+1<<" 个编程小组的总分为："<<group[i]<<endl;
    return 0;
}
```

3. 丁丁老师想知道这次编程考试中低于班级平均分的同学有多少人，请你编写一个程序来实现吧！

第33课　冒泡排序

"丁丁老师，我这次考得不错，考了 93 分，在班里是第几名呀？"

丁丁老师 "我还没有排名呢！"

"那我帮你排吧！"

丁丁老师 "好呀！"

大牙转身去拿纸和笔。

丁丁老师 叫住 大牙 "你干什么？"

"我去拿纸和笔呀！"

丁丁老师 "我们学习编程的，还要手工排吗？利用计算机排名很方便的。"

"哦，可是我不会呀！"

"那我们今天就学习一下如何用计算机进行排序。"

"好耶！这样就可以很容易地知道自己的排名了。"

丁丁老师 排序就是将一组无序的记录序列调整为有序的记录序列。下面我讲一讲冒泡排序。"在讲冒泡排序之前，首先看一下如何把一个序列中的最小值调整到序列的最后，方法就是将序列中所有相邻的两个数进行比较，如果不满足从大到小的顺序，则交换两个数据。看下面的图。"

丁丁老师 "大牙，看懂了吗？"

"图是看懂了，可是怎样才能将两个数字交换呢？"

丁丁老师 "在编程中，如果我们想要将两个数字交换，一般需要借助第三个变量来存储两个变量中的第一个值，然后将第二个变量的值赋给第一个变量，最后将我们备份的原来的第一个变量的值再赋给第二个变量。老师给你举个例子！"

第一次比较	36 12 15 18 16	前者大于后者，位置不变
第二次比较	36 12⇔15 18 16	后者大于前者，位置交换
第三次比较	36 15 12⇔18 16	后者大于前者，位置交换
第四次比较	36 15 18 12⇔16	后者大于前者，位置交换
最后的序列	36 15 18 16 12	

```
int a=1,b=2;
int c;
c=a;
a=b;
b=c;
```

丁丁老师 "5 个元素经过 4 次比较，就可以把序列中最小的那个数移到最后一个位置上了。"

案例 1： 通过交换把成绩倒数第一的同学排到最后。

```
#include<iostream>
using namespace std;
int main()
{
    int score[30];
    cout<<" 按学号输入 30 位同学的成绩："<<endl;
    for(int i=0;i<30;i++)
        cin>>score[i];
    for(int i=0;i<29;i++)
    {
        if(a[i]<a[i+1])
        {
            int t=a[i];
            a[i]=a[i+1];
            a[i+1]=t;
        }
    }
```

```
        cout<<a[29];
        return 0;
}
```

大牙 "我明白了。"

丁丁老师 "好的，经过上面的排序，最小的数被移到了最后一个位置。我们可以认为最后一个位置已经排好序，再对前面的数进行排序时，就不用考虑最后一个数了，即只需要排前面的 4 个数就行了。"

原始数据	36	12	15	18	16
第一趟比较后	36	15	18	16	12

第二趟比较　36 15 18 16 12　前者大于后者，位置不变

　　　　　　36 15⇔18 16 12　前者小于后者，位置交换

　　　　　　36 18 15⇔16 12　前者小于后者，位置交换

第三趟比较　36 18 16 15 12　前者大于后者，位置不变

　　　　　　36 18 16 15 12　前者大于后者，位置不变

第四趟比较　36 18 16 15 12　前者大于后者，位置不变

排序结果　　36 18 16 15 12　只剩一个元素，结束

丁丁老师 "在具体代码实现上，冒泡排序只需要再增加一个内循环，表示当前这一趟排序需要比较的次数，每经过一轮外循环，代表有一个数字被排好序，内循环的次数就减 1。"

案例 2： 冒泡排序。

```cpp
#include <iostream>
using namespace std;
int main()
{
    int score[30];
    cout<<" 按学号输入 30 位同学的成绩："<<endl;
    for(int i=0;i<30;i++)
        cin>>score[i];
```

```
for(int i=0;i<29;i++)
    for(int j=0;j<29-i;j++)
    {
        if(score[j]<score[j+1])
        {
            int t=score[j];
            score[j]=score[j+1];
            score[j+1]=t;
        }
    }
cout<<" 排序之后的数据为: ";
for(int i=0;i<30;i++)
    cout<<score[i]<<" ";
return 0;
}
```

大牙 "我弄懂了，这个算法叫作冒泡排序，为什么起这个名字呀？"

丁丁老师 "这个算法名字的由来是因为每经过一轮排序，越大或者越小的元素会经由交换慢慢'浮'到数列的相应位置，就如同碳酸饮料中二氧化碳的气泡最终会上浮到顶端一样，故名'冒泡排序'。"

大牙 "哈哈，这样说的话，真挺形象的。"

丁丁老师 “是的。”

大牙 “丁丁老师，我发现第二趟结束之后，序列就已经排好了，第三趟和第四趟其实根本就不用排了。”

丁丁老师 “大牙的观察很认真，这个情况可以优化，最关键的是在代码中如何判断序列已经排好了。我们来看看冒泡排序的代码，最核心的就是交换，你再认真观察一下就会发现，如果在某一趟排序之后，所有比较都没有发生交换操作，那么就说明序列已经排好了。”

大牙 “哦，对的。那代码如何实现呢？”

丁丁老师 “我们可以设定一个变量 flag，用来标识某一趟排序中是否发生过交换操作，如果发生，那么就继续排；如果没有发生，那么就结束排序。”

案例 3：　　优化冒泡排序。

```cpp
#include<iostream>
using namespace std;
int main()
{
    int score[30];
    bool flag;
    cout<<" 按学号输入 30 位同学的成绩："<<endl;
    for(int i=0;i<30;i++)
        cin>>score[i];
    for(int i=0;i<29;i++)
    {
        flag=true;
        for(int j=0;j<29-i;j++)
        {
            if(score[j]<score[j+1])
            {
                int t=score[j];
                score[j]=score[j+1];
                score[j+1]=t;
                flag=false;
```

```
            }
        }
        if(flag)    break;
    }
    cout<<" 排序之后的数据为：";
    for(int i=0;i<30;i++)
        cout<<score[i]<<" ";
    return 0;
}
```

课后练一练

1. 用冒泡排序对 43、32、47、82、29、45 这 6 个数进行从小到大排序，第三趟排序后的状态是 (   )。

A. 32 43 29 45 47 82   B. 32 29 43 45 47 82

C. 29 32 43 45 47 82   D. 45 32 29 43 47 82

2. 大牙 "丁丁老师，除了冒泡排序，还有其他排序算法吗？"

丁丁老师 "排序算法有很多，冒泡排序是最简单的一种。"

大牙 "那你能再讲一种吗？"

丁丁老师 "大牙这么好学，那我就再讲一个选择排序。选择排序可以看作冒泡排序的优化，它优化了冒泡排序中的频繁交换。选择排序的算法原理如下。"

（1）在 n 个数中，先找到最小的数并记录其下标，然后将这个数与第 n 个数的值交换，如果刚好第 n 个数是最小数，则不用交换。

（2）第 n 个数为最小值后，可以认为第 n 个数已经排好序，只需要对 n-1 个数再进行排序就可以了。

（3）重复以上步骤，直到所有数都排好顺序为止。

下面是具体代码，请你补充完整。

```
#include<iostream>
```

```cpp
using namespace std;
int main()
{
    int a[10]={55,72,46,93,88,73,84,66,90,78};
    int minindex,temp;
    for(int j=9;j>0;j--)
    {
        minindex=0;
        for(int i=1;i<=j;i++)
        {
            if(a[minindex]<a[i])
                    ____(1)____;
        }
        if(____(2)____)
        {
            temp=a[minindex];
            a[minindex]=a[j];
            a[j]=temp;
        }
    }
    for(int i=0;i<10;i++)
        cout<<a[i]<<" ";
    return 0;
}
```

3. 大牙学习了冒泡排序和选择排序后，就想弄明白冒泡排序的排序过程中究竟要进行多少次数据交换，请你编写一个程序，在排序完成的同时输出此次排序的数据交换次数。

第34课　折半查找

　　"丁丁老师，成绩排好序了，我来看看我排多少名。93分，1，2，3，4，5，我排名第5。大宝呢？大宝是91分，1，2，3，4，5，6，7，大宝排名第7。阿涛呢？阿涛说他考了85……"

　　"大牙，你这样数来数去，多麻烦呀！编个程序，输入分数，直接输出排名多好呀！"

　　"对呀，让计算机帮我数排名又快又准确。现在成绩已经排好序了，只需要数一下前面有多少个数字就行了。"

　　"其实排好序的数组不用数，数组下标就是很好的计数序列呀！只是要注意一下，数组下标是从0开始，名次是从1开始，就这点儿区别。"

　　"哦，对的，对的，那我来编程序了。"

案例1： 普通查找大牙排名程序。

```cpp
#include<iostream>
using namespace std;
int main()
{
    int n,score[30];
    cout<<" 按学号输入 30 位同学的成绩："<<endl;
    for(int i=0;i<30;i++)
        cin>>score[i];
    cout<<" 请输入要查找的学生成绩：";
    cin>>n;
    for(int i=0;i<=29;i++)
```

```
{
    if(score[i]==n)    break;
}
if(i!=30)
    cout<<n<<" 分的成绩在班级排名为 "<<i+1;
else
    cout<<" 没有此成绩！";
return 0;
}
```

大牙 "哈哈，程序写好了，我再看看我的排名，93 分的成绩在班级排名为 5。太好了，这个程序太方便了。"

丁丁老师 "你编写的这个程序，查找方式叫作顺序查找，对于已经排好序的序列，还有一种排序方式，它比顺序查找的效率高很多。"

大牙 "哦！什么查找？"

丁丁老师 "二分查找，这是一种效率较高的查找方法，它的基本思想是将 n 个元素分成长度大致相等的两部分，其中分界点为 a[n/2]，成绩是从大到小排名的，所以 a[n/2] 左边的部分都大于或等于 a[n/2]，右边的部分都小于或等于 a[n/2]，取 a[n/2] 与 x 做比较，如果 x=a[n/2]，则找到 x，算法中止；如果 x<a[n/2]，则只要在数组 a 的右半部分继续搜索 x；如果 x>a[n/2]，则只要在数组 a 的左半部分继续搜索 x。下面我们以查找 92 为例，看一下二分查找的过程。"

步骤 1: low 初始为数据的第一个数据，high 初始为数据的最后一个数据，根据这两个数据来确定中间点位置：

mid=（low+high）/2=（0+9）/2=4。

序号	0	1	2	3	4	5	6	7	8	9
数值	98	95	92	88	85	83	80	77	68	52
	↑				↑					↑
指针	low				mid					high

步骤 2: 比较 a[mid] 与 92 的大小，由于 a[mid]=85<92，所以数据肯定在数列的左半部分，于是改变 high 指针，high=mid−1。

序号	0	1	2	3	4	5	6	7	8	9
数值	98	95	92	88	85	83	80	77	68	52
	↑	↑		↑						
指针	low	mid		high						

步骤 3: 重复步骤 1~2，即重新计算 mid=(low+high)/2=(0+3)/2=1，比较 a[mid] 与 92，由于 a[mid]=95>92，所以要查找的数据在 low 和 high 的右半部分，改变指针 low=mid+1。

序号	0	1	2	3	4	5	6	7	8	9
数值	98	95	92	88	85	83	80	77	68	52
			↑	↑						
指针			low	high						

步骤 4: 重复步骤 1~2，即重新计算 mid=(low+high)/2=(2+3)/2=2，比较 a[mid] 与 92，由于 a[mid]=92==92,所以要查找的数据为 mid=2。

案例 2: 折半查找。

```cpp
#include<iostream>
using namespace std;
int main()
{
    int n,left,right;
    int score[10]={98,95,92,88,85,83,80,77,68,52};
```

```
cout<<" 请输入要查找的学生成绩: ";
cin>>n;
left=0;
right=9;
while(left<=right)
{
    int mid=(left+right)/2;
    if(score[mid]==n)
    {
        cout<<n<<" 成绩在班级排名为 "<<mid+1;
        break;
    }
    else if(score[mid]>n) left=mid+1;
    else right=mid-1;
}
if(left>right)
    cout<<" 没有该成绩的同学! ";
return 0;
}
```

 课后练一练

1. 利用案例 2 的测试集

```
int score[10]={98,95,92,88,85,83,80,77,68,52};
```

查找以下几个数,利用顺序查找和二分查找,查找次数分别是多少?

查找数	98	88	85	77	52
顺序查找					
二分查找					

2. 把成绩按照从小到大的顺序排列，二分查找的算法就要发生一些小的变化，请你开动脑筋，看看有哪些变化吧！

```cpp
#include<iostream>
using namespace std;
int main()
{
    int n,left,right;
    int score[10]={52,68,77,80,83,85,88,92,95,98};

    cout<<" 请输入要查找的学生成绩: ";
    cin>>n;
    left=0;
    right=9;
    int i=0;        // 查找次数
    while(left<=right)
    {
        i++;
        int mid=(left+right)/2;
        if(score[mid]==n)
        {
            cout<<n<<" 成绩在班级排名为 "<<10-mid;
            break;
        }
        else if(score[mid]>n)____(1)____;
        else____(2)____;
    }
    if(left>right)
        cout<<" 没有该成绩的同学！";
```

```
        return 0;
}
```

3. 查询一下某分数在全班 30 个同学中的排名情况，程序可以进行连续若干次查询，直到用户输入 -1，则查询结束。

编程思路：首先进行从大到小的排序，这样各分数在班级中的名次就有了，然后利用二分查找进行成绩名次查询。

看看班上还剩谁

班级下午要组织一次活动，班级原本有 30 个人，准备安排 5 个人为一个小组，分成 6 组，每个小组中学生的学号都是连续的，比如 1~5 号同学第一组、6~10 号同学第 2 组，以此类推，26~30 号同学第 6 组。可是现在有好几个同学都有事要请假，这样让下午的活动分组就成了难题，由于这些同学的学号不连续，请假之后，不知道还剩下哪些学号的同学，以及剩下的同学该如何分组。

大牙 "大宝，你看这个问题，利用计算机好解决吗？"

大宝 "利用数组可以解决，每个数组元素代表一个同学，数组下标代表学生学号，数组元素的值表示这个学生请没请假。"

大牙 "请没请假怎么表示呀？"

大宝 "请假和没请假其实就是 2 个状态，计算机中常用 bool 类型表示，它们的值是 true 或者 false，有时候还用 0 和 1 代替。"

大牙 "哦，原来是这样。经过你这么一说，这个程序其实不复杂，就是布尔数组，你看看是不是这个意思？"

下标	0	1	2	3	4	5	6	…	30
数组		true	false	true	true	true	false	…	true
说明	不用	没请假	请假	没请假	没请假	没请假	请假	…	没请假

大宝 "对的，这里下标为 0 的数组不用，就可以让学号和下标一一对应了，不过要多申请一个数组空间。"

大牙 "好的，那我写一下程序。"

案例 1： 班级上还剩哪些同学？

```cpp
#include<iostream>
#include<iomanip>
using namespace std;
int main()
{
    const int N=30+1;
    int m,num;              //m 个同学请假
    int count=0;            //5 个同学一组
    bool visit[N];
    for(int i=1;i<N;i++)
        visit[i]=true;
    cin>>m;
    for(int i=1;i<=m;i++)
    {
        cin>>num;
        if(visit[num]==true)
            visit[num]=false;
    }
    for(int i=1;i<N;i++)
    {
        if(visit[i]==true)
        {
            cout<<setw(3)<<i;
```

```
                    count++;
                    if(count>=5)
                    {
                        cout<<endl;
                        count=0;
                    }


                }
        return 0;
}
```

大宝 "大牙，你写的这个程序太棒了！"

大牙 "哈哈，一般一般，有什么需要改进的地方你尽快提。"

大宝 "说起改进的地方，我还真要提一个，那就是语句

```
if(visit[num]==true)
    visit[num]=false;
```

可以简化成

```
visit[num]=false;
```

因为不论 visit[num] 的值为 true 还是 false，都不影响 visit[num]=false 这个赋值语句，所以去掉 if 语句可以简化程序而不影响结果。"

大牙 "还真是的。大宝，你真牛！"

过了一段时间后，某个星期五下午，班级上有 3 组同学被抽调走，1 组是打扫校园卫生，2 组是参加舞蹈比赛，3 组是参加志愿者活动。由于事先并不清楚每组的具体人数，只是由各组长报了一下抽调同学的学号，因此需要编程计算各组抽调之后班级还剩多少同学。

大牙自告奋勇来编写这个程序。

"这个程序要是知道每组的具体人数就简单了，不过知道学号，还是利用布尔数组，和原来我写的那个程序差不多。"

"不知道每组的人数，你怎么知道各组数据什么时候输入结束？"

"这个简单，当每组学生学号输入结束之后，可以输入一个不是学号的 −1 来结束学号输入。因为没有人的学号是 −1，没有歧义。"

"哇！大牙这次厉害了！"

案例2：　　班级还剩多少人？

```cpp
#include<iostream>
#include<iomanip>
using namespace std;
int main()
{
    const int N=30+1;
    int num,count=0;
    bool visit[N];
    for(int i=1;i<N;i++)
        visit[i]=true;
    for(int i=1;i<=3;i++)
    {
        cin>>num;
        while(num!=-1)
        {
            visit[num]=false;
            cin>>num;
        }
    }
    for(int i=1;i<N;i++)
    {
        if(visit[i])
            count++;
```

```
    return 0;
}
```

 课后练一练

程序变量跟踪表

i	a[0]	a[1]	a[2]	a[3]	a[4]	a[5]	a[6]	a[7]	a[8]	a[9]

1. 运行下面的程序：

```
int year = 2018;
bool leap = year % 400 == 0 ||
    year % 100 && year % 4 == 0;
cout << 28 + leap;
```

输出结果为_____。

2. 有一部分同学的分数是相同的，现在丁丁老师想知道学生考的分数是多少。按从高到低的顺序，多个同学同分的只输出一次。下面是按照 10 个同学写的程序，请你补充完整。

```
#include<iostream>
#include<iomanip>
using namespace std;
int main()
{
    int score[10]={88,95,92,88,85,92,80,78,68,92};
    bool visit[101];
    for(int i=0;i<=100;i++)
        visit[i]=false;
    for(int i=0;i<10;i++)
        visit[____(1)____]=true;
    for(int i=100;i>=0;i--)
        if(visit[i])
            _____(2)_____;
    return 0;
}
```

3. 编写程序统计一下，全班同学的分数中，各个分数有多少同学。各分数从高到低输出，比如输出：

95 分 1 个
92 分 3 个
88 分 2 个
…

字 符 替 换

"大宝，我这篇英语作文好不容易写好了，你帮我看看，有没有问题？"

"好的。大牙，我发现你写的文章老是忘记一句话的首字母要大写呀！"

"对的，对的。我又忘记了，总是忘记，每次都要人提醒。"

"大牙，我们可以编写一个程序，让程序提醒你这个问题，不仅可以提醒，还可以自动帮你改正这个问题呢！"

"真的吗？那太好了！我有好多问题，英文作文怎么存储到计算机中呢？"

"存储可以利用字符数组，比如要存储'how are you?'这句话，可以存到下面的字符数组中。"

下标	0	1	2	3	4	5	6	7	8	9	10	11	12	13
字母	h	o	w		a	r	e		y	o	u	?	\0	

"大宝，下标是 12 的 '\0' 是什么字符？"

"这个字符是 C++ 字符串的结束符，任何字符串之后都会自动加上 '\0'。如果字符串末尾少了 '\0' 转义字符，则其在输出时可能会出现乱码问题。"

"哦，那我知道了，可是怎么编写程序呢？"

"首先搜索整篇文章，判断是否是一句话的首字符，如果是，再判断其大小写。如果是小写，就记录并更正。"

"那又如何判断一句话的首字符呢？"

"第一句话直接判断就行了，后面的要找一句话的结尾，通常英文一句话的结尾常用的符号就是句号、问号和感叹号这三种。"

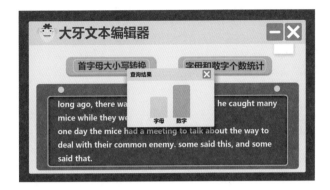

案例 1: 一句话的首字母处理。

```
#include<iostream>
#include<cstdio>              // 包含 gets 和 puts 函数进行输入和输出
using namespace std;
int main()
{
    char ch[200];
    bool isfirst=true;
    int i=0;
    int num=0;
    gets(ch);
    while(ch[i]!='\0')
    {
        if(isfirst)
        {
            if(ch[i]>=97 && ch[i]<=122)
            {
                num++;
                ch[i]-=32;
            }
            isfirst=false;
        }
        else
        {
```

```
            if(ch[i]=='.'||ch[i]=='?'||ch[i]=='!')
                isfirst=true;
        }
        i++;
    }

    if(num>0)
    {
        cout<<" 文章中共有 "<<num<<" 处句子开头无大写情况！"<<endl;
        cout<<" 更正之后的文章为："<<endl;
        puts(ch);
    }
    else
        cout<<" 文章很好！无句子开头小写情况！";
    return 0;
}
```

运行结果：

```
how are you? i am fine! ↙
```

文章中共有 2 处句子开头无大写情况！

更正之后的文章为

```
How are you? I am fine!
```

"这个程序为什么要使用 gets 和 puts 进行输入和输出？为什么不用 cin 和 cout 呢？"

"使用 cin 语句输入有一个问题，那就是碰到空格就结束了，如果利用 cin，这里只能把 how 这一个单词输入字符数组，所以利用 gets 进行输入。cout 虽然可以输出包含空格的字符串，但 puts 函数在输出字符串的同时，还会自动加上换行符。"

"哦，原来利用 puts 和 gets 函数有这么多好处呢！那我要牢记这两个函数了。"

大宝　"如果你要记函数，关于字符的函数还有不少呢！比如下面的几个 C++ 的内置函数，利用好这些函数，可以简化程序。"

islower(char c)：是否为小写字母

isupper(char c)：是否为大写字母

isdigit(char c)：是否为数字

isalpha(char c)：是否为字母

大牙　"太好了，利用这些函数，我也来编一个统计字符串中字母和数字个数的程序。"

案例 2：　统计字符串中字母和数字的个数。

```cpp
#include<iostream>
#include<cstdio>
using namespace std;
int main()
{
    char ch[200];
    int i=0;
    int num_alpha=0,num_digit=0;
    gets(ch);
    while(ch[i]!='\0')
    {
        if(isalpha(ch[i]))
            num_alpha++;
        if(isdigit(ch[i]))
            num_digit++;
        i++;
    }
```

```
    puts(ch);
    cout<<" 文章中共有字母 "<<num_alpha<<" 个。"<<endl;
    cout<<" 文章中共有数字 "<<num_digit<<" 个。"<<endl;
    return 0;
}
```

运行结果：

```
How are you?I'm 123.↙
How are you?I'm 123.
文章中共有字母 11 个。
文章中共有数字 3 个。
```

 课后练一练

1. 在 C++ 中，char 类型的数据在内存中的存储形式是（　　　）。

  A. 原码　　　　　　　B. 反码　　　　　　　C. 补码　　　　　　　D. ASCII 码

2. 在 C++ 中，除了用字符数组表示字符串，还可以用 string 表示字符串。string 本质上就是字符数组，比如：

```
string str="how are you?";
```

str 的内存存储如下。

下标	0	1	2	3	4	5	6	7	8	9	10	11	12
字母	h	o	w		a	r	e		y	o	u	?	\0

不同的是，string 用 getline( ) 函数来读取字符串，具体格式如下：

```
getline(cin,str)
```

cin 是指输入流，str 是从输入流中读入的 string 类型的变量。

下面是利用 string 实现字符串中大小写字母个数统计的程序，请你补充完整。

```cpp
#include<iostream>
#include<cstdio>
using namespace std;
int main()
{
    string str;
    int i=0;
    int numA=0,numa=0;
    getline(cin,str);
    while(str[i]!='\0')
    {
        if(_____(1)_____)
            numA++;
        if(_____(2)_____)
            numa++;
        i++;
     }
    cout<<str<<endl;
    cout<<" 文章中共有大写字母 "<<numA<<" 个。"<<endl;
    cout<<" 文章中共有小写字母 "<<numa<<" 个。"<<endl;
    return 0;
}
```

3. 学习了 string，大牙觉得 string 比字符数组还要方便，就想利用 string 来实现案例 1 的功能，你和大牙一起来实现吧！

第37课　回　文　串

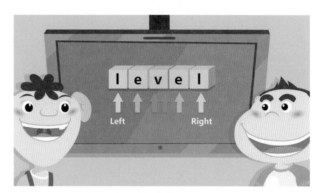

"大牙，你听说过回文串吗？"

"回文串？不知道。我只知道回文对和回文数，什么是回文串？"

"回文串是一个正读和反读都一样的字符串，比如'level'或者'noon'等等就是回文串。"

"哦，回文串挺有意思的，这些单词只需要记住一半就行了！"

"你可真会偷懒。"

"这才不是偷懒呢，这叫速记方法。"

"既然回文串那么有趣，那么让我来写一个程序自动判断一个字符串是否是回文串吧。"

案例 1：　　判断回文串。

```
#include<iostream>
#include<cstring>
using namespace std;
int main()
{
    char ch[200];
    bool flag=true;
    gets(ch);
    int len=strlen(ch);
```

```
    int left=0,right=len-1;
    while(left<right)
    {
        if(ch[left]!=ch[right])
        {
            flag=false;
            break;
        }
        ++left;
        --right;
    }
    puts(ch);
    if(flag)
        cout<<" 是回文串! "<<endl;
    else
        cout<<" 不是回文串 "<<endl;
    return 0;
}
```

    "这个程序采用 left 和 right 双指针指向字符串的左右两端，如果相等，则继续比较，直到两个指针碰到一起，就是回文串。如果没有碰到一起，左右指针指向的字符就不相同，就不是回文串。"

    "哦，我明白了。"

    "左右指针作为一种计算机算法，用途特别广泛。"

    "是吗？那我要好好掌握它！"

若干天后，大牙又找到了大宝。

    "大宝，我今天碰到了一个回文串问题，你帮我想想如何解决。"

    "什么问题？你快说呀！"

    "就是给你一个英文字符串，按照顺序把其中的所有元音字母提取出来，判断这些元音字母构成的字符串是否是回文串。"

    "大牙，关于回文串，上次不是编过程序了吗？"

大牙 "是编过了，可是这个问题和那个问题不一样。"

大宝 "大牙，题目是不一样，但是思路都是一样的，所以我认为题目就是一样的。"

大牙 "呀！这怎么可能呢？"

大宝 "那我再来写一下这个程序。"

案例 2： 元音字母回文串。

```cpp
#include<iostream>
#include<cstring>
using namespace std;
int main()
{
    char ch[200];
    string vowels="aeiouAEIOU";
    bool flag=true;
    gets(ch);
    int len=strlen(ch);
    int left=0,right=len-1;
    while(left<right)
    {
        while(left<len && vowels.find(ch[left])==vowels.npos)
            left++;
        while(right>0 && vowels.find(ch[right])==vowels.npos)
            right--;
        if(ch[left]!=ch[right])
        {
            flag=false;
            break;
        }
        else
        {
            left++;
            right--;
```

```
                }
        }
        puts(ch);
        if(flag)
                cout<<" 是回文串！"<<endl;
        else
                cout<<" 不是回文串 "<<endl;
        return 0;
}
```

“大牙你看，程序和原来的基本差不多，框架都没有变化，不同的是这次要在字符串中找到元音字母。”

“嗯，程序是差不多哦！找元音字母的那段程序是什么意思？”

“这里用到了 string 字符串的 find( ) 函数，该函数的完整形式如下：

```
find(char ch, int pos = 0)
```

该函数表示从字符串的 pos 位置开始查找字符 ch。如果找到，则返回该字符串首次出现的位置；否则返回 string::npos。”

“npos 是什么意思？”

作为返回值，它通常表明没有匹配。”

课后练一练

1. 这个程序的输出结果是（   ）。

```
char str[]="Hello";
cout<<strlen(str);
```

    A. 5   B. 6   C. 7   D. 8

2. “大牙，双指针算法你还是没有完全掌握。”

"是的，纸上得来终觉浅，看来我要多多练习几道题呢！"

"好的好的，我这就给你出一道题练习。下面是输入一个字符串，输出这个字符串的逆序形式。比如输入 abc，输出 cba。你来把这个程序补充完整吧！"

```cpp
#include<iostream>
#include<cstring>
using namespace std;
int main()
{
    char str[100];
    gets(str);
    if(strlen(str)==0) return 0;
    int left=0;
    int right=_____(1)_____;
    while(____(2)____)
    {
        char temp=str[left];
        str[left]=str[right];
        str[right]=temp;
        left++;
        right--;
    }
    puts(str);
    return 0;
}
```

3. "大宝，我做出来了，你还有题目吗？再出一道！"

"大牙不错呀！主动要题目做，你肯定能够掌握这个算法。"

"是的，我也想熟能生巧。"

"那好吧！这个题目和第 2 题差不多，也是逆序，不过要逆序的不是整个句子，而是句子中的每一个单词。比如输入 I like singing,输出 I ekil gnignis。你来试一试吧。"

第38课 图像的显示

大宝 "丁丁老师，学编程这么长时间了，我们处理的全是这些字符和数字，C++怎么打开一个图片呢？"

丁丁老师 "图片呀！它不属于简单的数据类型，每张图片其实是一个文件，文件又分为不同的类型，比如 jpg、gif 等，不同的文件类型，处理方式也不同。现在学习这些还为时尚早，不过今天老师可以给你讲讲图像的原理。"

大宝 "图像的原理是什么？"

丁丁老师 "图像在计算机中是如何表示和存储的呢？左边的图是一张椭圆形的黑白图像，当把这副图像放大 10 倍之后，就是右边的图像，你能看出什么吗？"

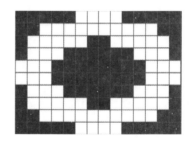

大宝 "图像是由一个个小方块组成的，并且小方块有黑有白。"

丁丁老师 "说得很好，图像上的每一个小方块叫一个像素，像素有一个明确的位置和色彩数值，这里因为是黑白图像，所以只有黑色和白色两种颜色，这里如果把 0 看成黑色，1 看成白色，那么这个图像就可以表示成下面的样子。"

大宝 "这样看，如果只看 1，也能看出一点椭圆的样子，不过不太清楚。"

丁丁老师 "这就是图像的存储原理，真要存储的话，就要存储到二维数组中。"

```
00000111100000
00111111111100
01111100111110
01110000001110
11100000000111
11100000000111
01110000001110
01111100111110
00111111111100
00000111100000
```

大宝 "什么是二维数组？"

丁丁老师 "这里的维是指维度，在物理学和哲学的领域内，指独立的时空坐标的数目。1 维是一条无限长的直线，只有长度。2 维是一个平面，是由长度和宽度组成的面。3 维是 2 维加上高度组成的体。我们通常说的数组一般指的是一维数组，这里所说的二维数组是指朝两个方向走的数组，比如我们定义一个二维数组如下

```
int a[10][14];
```

则可以存储上面的图像。二维数组各元素的位置就是上面的图，数据存储就是下面的图。"

a[0][0]	a[0][1]	a[0][2]	a[0][3]	...	a[0][12]	a[0][13]
a[1][0]	a[1][1]	a[1][2]	a[1][3]	...	a[1][12]	a[1][13]
a[2][0]	a[2][1]	a[2][2]	a[2][3]	...	a[2][12]	a[2][13]
...	...	...	...	...	...	...
a[9][0]	a[9][1]	a[9][2]	a[9][3]	...	a[9][12]	a[9][13]

0	0	0	0	...	0	0
0	0	1	1	...	0	0
0	1	1	1	...	1	0
...	...	...	...	...	...	...
0	0	0	0	...	0	0

大宝　"我明白了，这样看很清楚。可这个怎么显示成图像呢？"

丁丁老师　"要是显示出来的话，0 用黑色像素显示、1 用白色像素显示就行了。"

案例 1：　二维图像的 01 显示。

```cpp
#include<iostream>
using namespace std;
int main()
{
    int image[10][14] = {{0,0,0,0,0,1,1,1,1,0,0,0,0,0},
                         {0,0,1,1,1,1,1,1,1,1,1,1,0,0},
                         {0,1,1,1,1,1,0,0,1,1,1,1,1,0},
                         {0,1,1,1,0,0,0,0,0,0,1,1,1,0},
                         {1,1,1,0,0,0,0,0,0,0,0,1,1,1},
                         {1,1,1,0,0,0,0,0,0,0,0,1,1,1},
                         {0,1,1,1,0,0,0,0,0,0,1,1,1,0},
                         {0,1,1,1,1,1,0,0,1,1,1,1,1,0},
                         {0,0,1,1,1,1,1,1,1,1,1,1,0,0},
                         {0,0,0,0,0,1,1,1,1,0,0,0,0,0}};
    for(int i=0;i<10;i++)
    {
        for(int j=0;j<14;j++)
            if(image[i][j]==1)
                cout<<"*";
            else
                cout<<" ";
        cout<<endl;
    }
    return 0;
}
```

大宝　"这样看，图像的原理并不复杂，还挺好懂的。"

丁丁老师　"那是你用心了，世上无难事……"

大宝 "只怕有心人！"

丁丁老师 "对的。"

大宝 "丁丁老师，我还有一个问题，其他数据都可以进行大小比较，图像也能吗？"

丁丁老师 "图像一般不做大小比较，图像的比较称为相似度比较，也就是比较两幅图像究竟有多相似。"

大宝 "哦，那怎么看呢？"

丁丁老师 "我们举一个例子，输入两幅图像，通过对比像素值相等的像素数占总像素数的百分比，就可以知道两幅图像的相似度了。"

案例2： 图像的相似度。

```cpp
#include<iostream>
#include<iomanip>
using namespace std;
int main()
{
    int m,n;                         // 图像的行数和列数
    int a[101][101],b[101][101];
    int sum=0;
    int i,j;
    float similar;
    cin>>m>>n;
    for(i=1;i<=m;i++)                // 输入第一幅图像
        for(j=1;j<=n;j++)
            cin>>a[i][j];
    for(i=1;i<=m;i++)
        for(j=1;j<=n;j++)
        {
            cin>>b[i][j];            // 输入第二幅图像
            if(a[i][j]==b[i][j])
                sum++;
        }
    similar=sum*1.0/(n*m)*100;    // 相似度计算
```

```
    cout<<setiosflags(ios::fixed)<<setprecision(2)<<similar<<
"%"<<endl;
    return 0;
}
```

 课后练一练

1. 二维数组在定义的同时可以进行初始化操作，初始化时可以省略第一维的数字，但是不能省略第二维的数字，如下面的初始化

```
int a[][3]={1,2,3,4,5,6}
```

初始化后，a[1][0] 的值是 (　　　)。

　　A. 1　　　　　　　　B. 2　　　　　　　　C. 4　　　　　　　　D. 5

2. 灰度图把白色与黑色之间又分为若干等级，称为灰度。常用的灰度级分为 256 阶，也就是 0~255，右边这张图就是一个灰度图像。

下面的程序可以把灰度图像转换成 01 黑白图像，请你补充完整。

```
#include<iostream>
using namespace std;
int main()
{
    int m,n;                    // 图像的行数和列数
    int a[101][101];
    int i,j;
        ____(1)____;
    for(i=1;i<=m;i++)           // 输入一副灰度图像
        for(j=1;j<=n;j++)
            cin>>a[i][j];
    for(i=1;i<=m;i++)
```

```
        for(j=1;j<=n;j++)
        {
            if(a[i][j]>128)
                  (2)      ;
            else
                a[i][j]=0;
        }
    return 0;
}
```

3. 二维地图也是计算机中常见的，就像这个：

```
######
#    #
# ## #
#  # #
##0  #
######
```

其中，0 是玩家所在位置，# 为围墙，空格为通道。请你用二维数组存储该地图，并用计算机程序显示出来。

二维图像的压缩

"丁丁老师，学习了图像之后，我发现图像的数据量可真大，要是手工输入可要好长一会儿。"

"是的，图像也被称为多媒体数据，它的数据量是挺大的，比如现在手机拍照常用的尺寸是 3468×4624 像素，也就是有 16 036 032 个像素点。"

"哇！1600 多万个，要是数，不知道要数到什么时候了！"

"是的，这么多像素点要是人工处理，头都晕了。计算机可就喜欢处理这些简单又重复的工作。"

"这么多像素点数据，都是直接存放在计算机中的吗？"

"这个问题问得太好了，其实像图片这样的多媒体数据，都不是直接存放的，直接存放数据量太大了，要经过压缩之后再存放。"

"压缩？怎么压缩？"

"压缩是一种通过特定的算法来减小计算机文件大小的方法。举个例子，比如下面的这个 7×8 大小的二值图像可以采用以下规则生成压缩码。从图像的第一行第一个符号开始计算，按顺序从左到右，由上至下。第一个数表示连续有几个 0，第二个数表示接下来连续有几个 1，第三个数表示再接下来连续有几个 0，第四个数表示接着连续几个 1，以此类推。这样就可以把上面的图像压缩成 3 1 7 1 7 5 3 1 7 1 7 1 4 8。"

"哦，原来一共是 56 个数，现在压缩成 14 个数了，压缩了好多呀！"

"这是最简单的压缩算法，压缩算法有一个比较方法，就是压缩率。压缩率就是压缩之后的数据量除以压缩之前的数据量，这个算法的压缩率是 14/56×100%=25%。"

```
00010000
00010000
00011111
00010000
00010000
00010000
11111111
```

六宝 "这个算法很好，我要写一个程序来实现自动压缩。"

案例 1: 二维图像的压缩。

```cpp
#include<iostream>
using namespace std;
int main(){
    int i,j,m,n,k=0,cnt=0;
    char a[101][101];          // 图像的最大尺寸
    int d[100];
    cin>>m>>n;                 //m、n 为图像的尺寸
    for(i=0;i<m;i++)
        for(j=0;j<n;j++)
            cin>>a[i][j];
    i=0;
    j=0;
    if(a[i][j]=='1')           // 首先计算 0 的个数，如果首个元素是 1，
        d[k++]=0;              // 那么将 0 作为压缩后的首个数据
    char s=a[i][j];
    cout<<m<<" "<<n<<" ";       // 先输出图像尺寸
    for(i=0;i<m;i++)
        for(j=0;j<n;j++)
        {
            if(a[i][j]==s){
                cnt++;
            }else{
                d[k++]=cnt;
```

```
                    s=a[i][j];
                    cnt=1;
                }
        }
    d[k]=cnt;                // 最后一个数据
    for(i=0;i<=k;i++)
        cout<<d[i]<<" ";
    return 0;
}
```

"大宝，这个压缩算法写得很好，采用一个 if-else 语句来实现 0 和 1 数据的比较切换。"

"谢谢老师夸奖！"

"压缩算法相应地需要一个解压缩算法，也就是数据在需要用的时候还能够变回去。"

"好的，我来试试。"

案例 2： 二维图像的解压缩。

```
#include<iostream>
using namespace std;
int main()
{
    int m,n,num,a,res[10001],cnt,flag;
    cin>>m>>n;                //m,n 是图像的大小
    flag=0;
    cnt=0;
    num=m*n;
    while(num)
    {
        cin>>a;               //a 是解压缩数据 317175…
        num-=a;
        while(a--)  {
            res[cnt++]=flag;
```

```
        }
        flag=!flag;
    }
    for(int i=0;i<m*n;i++)
    {
        cout<<res[i];
        if((i+1)%n==0)
            cout<<endl;
    }
    return 0;
}
```

丁丁老师 "大宝的解压缩算法写得也很好，特别是用两个 while 循环的嵌套就把数据给解压缩出来了。"

大宝 "我有点小骄傲了！"

课后练一练

1. 以下程序输出的正确结果是（   ）。

程序变量跟踪表

i	a[i][i]

```
int a[3][3]={1,0,1,0,1,0,1,0,1};
for(int i=0;i<3;i++)
    cout<<a[i][i];
```

A. 000   B. 111   C. 101   D. 010

2. 五子棋残局。

在二维数组只有少部分有效数据时，为了不存储过多的无效数据，偏向用三个数组来记录下面的信息，分别为横坐标数组、纵坐标数组以及值的数组。右边是一个五子棋的残局，用二维数组表示之后，会发现有很多 0 是无效数据，我们用上面的方式，通过三个一维数组记录下来，并且还要能通过这三个数组重新将它还原成一个二维数组。请你把程序补充完整。

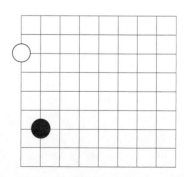

```cpp
#include<iostream>
using namespace std;
int main()
{
    int s[9][9] = {0};
    int x[9], y[9], z[9];
    int ns[9][9] = {0};              // 通过x,y,z数组还原成s数组的
                                      // 数据，还原的数据放在ns里

    int t = 0;
    s[2][2] = 1, s[3][6] = 2;        // 用二维数组的方式输入这个棋盘
    for(int i=0; i<9; i++)
        for(int j=0; j<9; j++)
        {
            if(s[i][j])
            {
                x[t]=i;
                y[t]=j;
                _____(1)_____;
            }
        }
    for(int i=0; i<t; i++)
        cout<<x[i]<<" " <<y[i]<< " " <<z[i]<<endl;
    for(int i=0; i<t; i++)
        _____(2)_____;
    for(int i=0; i<9; i++)
    {
        for(int j=0; j<9; j++)
            cout<<s[i][j]<<"";
            cout<<endl;
    }
    return 0;
}
```

3. 英语句子中，各个字母出现的次数是不同的，大宝为了弄清楚哪些字母出现的次数多一点，哪些字母出现的次数少一点，想编写一个程序来自动统计，为了能够更加形

象地显示结果，他准备以柱状图的方式来显示。

比如输入：

```
THE QUICK BROWN FOX JUMPED OVER THE LAZY DOG.
```

输出结果：

```
       *          *
       *          *
     ** *       * * **
****************** *******
ABCDEFGHIJKLMNOPQRSTUVWXYZ
```

大宝同学的思路是：首先将文本输入一个字符串，然后统计字符串中各个字母出现的次数，随后找出 A~Z 中出现次数最多的那个字母的出现次数，然后把这个柱状图写到一个二维字符数组中，最后输出这个数组。请你把程序补充完整。

```cpp
#include<iostream>
using namespace std;
string s1;
int maxa,a[27];
char b[110][27];
int main(){
    getline(cin,s1);
    // 程序段：统计各个字母出现的次数并放到数组 a 中
    _____(1)_____;
    // 程序段 2：求最高的高度
    _____(2)_____;
    // 形成最后输出的数组
    for(int i=1;i<=26;i++)
    {
        for(int j=maxa;j>=maxa-a[i]+1;j--)
            b[j][i]='*';
        for(int j=maxa-a[i];j>=1;j--)
```

```
            b[j][i]=' ';
        b[maxa+1][i]=i+'A'-1;
    }
    // 输出数组
    for(int i=1;i<=maxa+1;i++){
        for(int j=1;j<=26;j++)
            cout<<b[i][j];
        cout<<endl;
    }
    return 0;
}
```

第40课 走 迷 宫

 "大宝，你走过迷宫吗？"

 "走过呀！上次去孔明游乐场，有一个迷宫，我转了好几圈才走出来。"

 "最近我在玩一个电脑迷宫游戏，自动生成地图让你走，地图中黑色是墙体，白色是通道。"

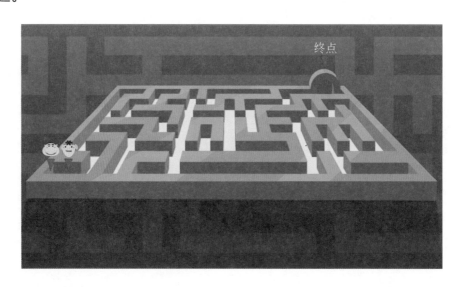

 "让我看看，这个应该这样走。"

 "这么快就玩上了。"

 "这游戏挺好玩的，我们自己也可以编写一个这样的迷宫程序。"

 "自己编写？"

 "是的。下面我们首先看看怎么利用二维字符数组来存储和显示地图，在下面的地图中，O 代表玩家的位置，# 代表墙体，空格代表可以走的通路。"

案例 1:　　地图的显示。

```cpp
#include<iostream>
using namespace std;
int main()
{
    char a[10][11]={"O ########",
                    "#     #  #",
                    "# #### ##",
                    "# #    #",
                    "# # # ## #",
                    "# # # #",
                    "# ##   # #",
                    "# # # ###",
                    "#   ## ##",
                    "######   "};
    for(int i=0;i<=9;i++)
        puts(a[i]);
    return 0;
}
```

"大宝，这个程序中，地图的初始化明明每行只有 10 个字符，为什么要定义 11 个空间呢？"

"大牙，这个初始化是利用字符串统一赋值的。字符串最后有一个 '\0' 结束符，它也要占一个空间呢！"

"哦，我记得了。"

"这个只是地图的显示，可以通过获取用户的键盘输入让用户在迷宫中走路，当用户到达一个新的位置时，通过更新地图就可以玩走迷宫的游戏了。用户只要从出发地到达迷宫的右下角就算是赢了。"

案例 2:　　走迷宫。

```cpp
#include<iostream>
#include<conio.h>              // 用于调用 getch()
```

```cpp
using namespace std;
int main()
{
    int x=0,y=0;                    // 初始位置定义
    char ch;
    char a[10][11]={"O ########",
                    "#   #    #",
                    "# ####  ##",
                    "#   #    #",
                    "# # # ## #",
                    "# #  #   #",
                    "# ##   # #",
                    "# #  # ###",
                    "#   ##  ##",
                    "######   "};
    cout<<" 走迷宫 "<<endl;
    cout<<" 玩家用 w 表示上 , s 表示下 , a 表示左 , d 表示右 "<<endl;
    cout<<"# 表示墙壁 , O 表示玩家 "<<endl;

    for(int i=0;i<=9;i++)
        puts(a[i]);                 // 循环输出地图
    while(1)                        // 循环做出判断
    {
        ch=getch();
        if(ch=='s')                 // 下
        {
            if(a[x+1][y]==' ')
            {
                a[x][y]=' ';
                x++;
                a[x][y]='O';
            }
        }
        else if(ch=='w')            // 上
        {
```

```
            if(a[x-1][y]==' ')
            {
                a[x][y]=' ';
                x--;
                a[x][y]='O';
            }
        }
        else if(ch=='a')              //左
        {
            if(a[x][y-1]==' ')
            {
                a[x][y]=' ';
                y--;
                a[x][y]='O';
            }
        }
        else if(ch=='d')              //右
        {
            if(a[x][y+1]==' ')
            {
                a[x][y]=' ';
                y++;
                a[x][y]='O';
            }
        }
        system("cls");
        for(int i=0;i<=9;i++)
            puts(a[i]);
        if(x==9 && y==9)
            break;
    }
    cout<<" 你赢了 "<<endl;
    return 0;
}
```

课后练一练

1. 有一个矩形，现在要把它填充成螺旋状。

1	2	3	4
12			5
11			6
10	9	8	7

为了得到这个螺旋数字矩阵，我们可以利用一个二维数组来代表螺旋的四个方向。

步骤1：向右移动，每向右移动一步，x 不变，y 的值 +1。

步骤2：向下移动，每向下移动一步，x 的值 +1，y 不变。

步骤3：向左移动，每向左移动一步，x 不变，y 的值 −1。

步骤4：向上移动，每向上移动一步，x 的值 −1，y 不变。

因此，二维数组可以表示为

```
int dir[4][2]={{0,1},{1,0},{0,-1},{-1,0}};
```

下面是完整的程序，有两个空需要你的帮忙。

```
#include<iostream>
using namespace std;
int a[4][4];
int main()
{
    int x=0,y=0;
    int num=1;
    int dir[4][2]={{0,1},{1,0},{0,-1},{-1,0}};
    a[x][y]=num;
    int i=0;                         //第1个方向
```

```
    while(num<12)                // 数填充到 12 结束
    {
        int nx=x+dir[i][0];
        int ny=y+dir[i][1];
        if(nx>=0 && ny>=0 && nx<=3 && ny<=3)
        {
            x=x+dir[i][0];
            y=y+dir[i][1];
            a[x][y]=_____(1)_____;
        }
        else
            ____(2)____;
    }
    for(int i=0;i<=3;i++)
    {
        for(int j=0;j<=3;j++)
            cout<<a[i][j]<<" ";
        cout<<endl;
    }
    return 0;
}
```

2. 练习题：输入 m 和 n 的值（m，n<1000），以回旋顺时针的方式输出 m 行 n 列的 1~n。

例如：输入

```
3 4
```

输出

```
 1   2   3   4
10  11  12   5
 9   8   7   6
```

第 7 单元

函　　数

 大宝　"丁丁老师，比较两个整数的大小很简单，可以直接利用大于、等于和小于符号比较，但我今天碰到了一个问题，就是比较两个字符串大小的问题，不知道什么意思。"

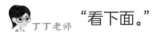 丁丁老师　"字符串大小的比较，比较的是字符串中字符的 ASCII 码值，比较的规则一般是从字符串左边开始，依次比较每个字符，直到出现差异或者其中一个串结束为止。比如 ABC 与 ACDE 比较，第一个字符相同，继续比较第二个字符，由于第二个字符的 ASCII 码值是后面一个串的更大，所以不再继续比较，结果就是后面的串更大。"

大宝　"哦，是这样呀！那程序怎么写？"

丁丁老师　"看下面。"

案例： 字符串大小比较。

```
#include<iostream>
#include<cstring>
using namespace std;
int main()
{
    char str1[20],str2[20];
```

```
cin>>str1>>str2;
int ret=strcmp(str1,str2);
switch(ret)
{
    case 0:cout<<str1<<"="<<str2;break;
    case 1:cout<<str1<<">"<<str2;break;
    case -1:cout<<str1<<"<"<<str2;break;
}
return 0;
}
```

大宝 "这个 strcmp 就能比较大小了？"

丁丁老师 "对的，strcmp 是一个内置函数。"

大宝 "什么是内置函数呀？"

丁丁老师 "内置函数是指写在 C++ 库中，可以供用户直接调用的程序段，通过内置函数可以大大提高编程效率。"

大宝 "哦，那我要多记住一些内置函数。"

丁丁老师 "嗯，记住这些函数可以事半功倍，C++ 的内置函数有很多，主要分为数学类函数、字符串类函数、数据类型转换函数、各类算法函数等。"

 “这些内置函数是怎么来的？”

大宝

 “这些函数是 C++ 的专家们撰写的，然后和 C++ 一起打包发行。”

丁丁老师

 “哦，那我能写这些函数吗？”

大宝

 “当然可以了，有志气哦！要想自己写一个函数，那就叫自定义函数，要是你觉得你写得好，就可以用自定义函数代替内置函数来完成程序的功能。让我们看看如何写一个自定义函数吧！”

丁丁老师

第41课　函数究竟是什么

丁丁老师 "有没有小朋友知道求一个数绝对值的自定义函数该怎么编写？"

大宝 "绝对值？什么是绝对值？"

丁丁老师 "绝对值是指一个数在数轴上的对应点到原点的距离，数学上用'| |'来表示。|b−a| 或 |a−b| 表示数轴上表示 a 的点和表示 b 的点的距离。在数学中，绝对值 |x| 为非负值，而不考虑其符号，即 |x| = x 表示正 x，| x | = −x 表示负 x（在这种情况下 −x 为正），| 0 | = 0。例如，2 的绝对值为 2，−3 的绝对值为 3。数字的绝对值可以认为是它与 0 之间的距离。"

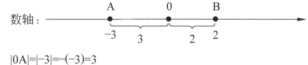

$|0A| = |-3| = -(-3) = 3$
$|0B| = |2| = 2$

大宝 "哦，我明白了。绝对值可以概括为一个正数的绝对值是它本身；一个负数的绝对值是它的相反数；0 的绝对值是 0。"

丁丁老师 "大宝总结得很好。那下面我就在 C++ 中写一个名字为 abs 的自定义函数来实现绝对值的计算。"

案例 1： 自定义一个 abs 函数来求整数的绝对值。

```cpp
#include<iostream>
using namespace std;
int abs(int y)
{
    if(y>=0)    return y;
    else return -y;
}
```

```
int main()
{
    int x;
    cin>>x;
    cout<<abs(x);    // 调用 abs 函数，并用函数返回值代替且输出。x 为
                     // 实际参数

    return 0;
}
```

　　"大宝你看，这个程序首先定义了一个 abs 函数，然后我们就可以在主函数 main 中调用它了。"

　　"那这个 main 函数是如何调用 abs 函数的呢？"

　　"通过名称和参数进行调用，比如说输入一个数值 −3，则主函数就调用了 abs(−3)，此时通过将 −3 传值给自定义函数中的参数 y，则 y 就为 −3，有了参数就可以执行函数体了，此时由于 −3 小于 0，因此返回 3。也就是说，abs（−3）的结果是 3。"

　　"丁丁老师，那是不是说函数一定会有一个返回值呢？不返回可不可以啊？"

　　"大宝这个问题提得很好啊，函数是可以没有返回值的。如果没有返回值，那么函数类型要定义为 void。"

　　"哦哦，我懂了，后面那个参数是啥意思呀？"

　　"你看主函数中，利用 abs（x）调用函数就是把主函数中的整型变量 x 的值传入函数 abs 的参数列表 int y。主函数中的这个参数 x 是真正意义上要调用传递的数，叫实际参数。而自定义函数中的 y 并不是某个实际的数，是要把实际参数传给它的，我们称它为形式参数。需要注意的是，形式参数需要定义数据类型 int y，而实际参数不需要定义数据类型，直接传入即可。"

　　"只可以传递一个参数吗？"

　　"当然不是，可以有多个参数，也可以不写参数直接调用函数。但是实际参数和形式参数的类型、数量都得一一对应，不可以交叉传递。"

　　"我懂啦，我知道这个自定义函数的意思了！"

"那太好了，其实这个绝对值的自定义函数在库函数中也有的。常见的库函数有很多，abs( )、fabs( )、sqrt( )、pow( )、sin( )、cos( ) 这些都是经常用到的数学函数，使用它们，只需要包含头文件 cmath 就行。"

abs(x)	求整数 x 的绝对值
fabs(x)	求浮点数 x 的绝对值
sqrt(x)	求 x 的平方根
pow(x,y)	求 x 的 y 次方
sin(x)	求 x 的正弦值
cos(x)	求 y 的余弦值

"用库函数求绝对值的程序如下，你可以对比一下，看看这两种方法的不同之处。"

案例 2： 利用库函数 abs 求绝对值。

```cpp
#include<iostream>
#include<cmath>              //abs 函数包含在库函数 cmath 中
using namespace std;
int main()
{
    int x;
    cin>>x;
    cout<<abs(x);
    return 0;
}
```

"这个代码少了，比自定义函数更方便了。"

"对的，方便是很方便，但是别忘了在程序的最上面要加上 cmath，不加这个，程序是找不到 abs 这个函数的。"

"丁丁老师，我们今天学了自定义函数和库函数，我发现库函数也可以重新自定义，那主函数 main 属于库函数吗？它能自定义吗？"

"大宝这个问题问得特别好。main 函数是一个特殊的函数，要运行 C++ 程序，必须有且只有一个 main 函数，它不包含在任何一个头文件中，也不能被重新定义。

我们以后阅读别人写的程序时，有可能会有很多函数定义，我们都要从 main 函数开始阅读，因为它是程序执行的主流程。"

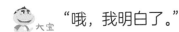 "哦，我明白了。"

"大宝真是太棒了，马上送你一朵小红花！最后说明一下，程序从 main 函数开始，也从 main 函数结束，在 main 函数中，有一个返回语句 return 0，运行到这个语句时，整个程序就会停止，所以在写程序时，一定要把它写在 main 函数的最后，否则程序就会提前结束了。"

课后练一练

1. 已知 S1 和 S2 分别为两个 cstring 类型，现在要实现语句：当 S1 所指的串大于 S2 所指的串时，执行语句 S，则下面的语句中正确的是（   ）。

    A. if（S1>S2）S；

    B. if(str(S1)>str(S2)) S；

    C. if(strcmp(S1,S2)<0) S；

    D. if(strcmp(S1,S2)>0) S；

2. 在数学上，也有一个函数的概念。通常定义变量为 x，y 则随 x 值的变化而变化，这时称 y 是 x 的函数。每当 x 确定一个值，y 就随之确定一个值，当 x 取 a 时，y 就随之确定为 b，b 就叫作 a 的函数值。

数学中的函数和编程中的函数非常类似，例如下面的函数：

$$y=\begin{cases} x^2-x+1(x<0) \\ x^3+x+3(x \geqslant 0) \end{cases}$$

请你补充完整下面的程序代码。

```
#include<iostream>
_____(1)_____
using namespace std;
_____(2)_____
{
```

```
        if(x<0)
            return (pow(x,2)-x+1);
        else
            return (pow(x,3)+x+3);
}
int main()
{
        float x,y;
        cin>>x;
        y=fun(x)
        cout<<y;
}
```

3. 我们之前学习过如何判断一个年份是否为闰年，请你编写一个函数，当输入一个年份 x 时，判断 x 是否为闰年。

函数的熟悉

大牙 "大宝，你听说了吗，最近学校准备新建一个游泳池。"

大宝 "啊，我不知道啊，真有这回事吗？那到时候我们就可以一起游泳玩水啦！"

丁丁老师 "同学们，你们在讨论啥事情呀？"

大牙 "丁丁老师，我们都听说最近学校准备新建一个游泳池，有这回事吗？"

丁丁老师 "哈哈哈，你们这小道消息还挺灵啊。确实，最近学校准备在体育馆里新建一个游泳池，但是还在准备当中。"

大牙 "太好了，到时候就可以游泳玩了。"

丁丁老师 "哈哈哈，我考考你们，学校新建的游泳池可以容纳多少水呀？"

大牙 "这是不会难倒我的，水的体积就等于游泳池的容积。那么根据容积公式长度 × 宽度 × 高度，我们就可以求出游泳池可容纳的水的体积了。"

丁丁老师 "哈哈哈，聪明！我们也可以利用刚学会的函数来编写一个程序，只要输入长、宽、高，就可以直接求出游泳池中水的体积了。"

案例 1： 求游泳池中水的体积。

```cpp
#include<iostream>
using namespace std;
int volume (int l, int w, int h)
{
    int v;
    v = l * w * h;
    return v;
}
```

```
int main()
{
    int v, l, w, h;
    cin >> l >> w >> h;
    v = volume (l, w, h);
    cout << v << endl;
    return 0;
}
```

"丁丁老师，我有个问题，主函数中调用函数的那个参数是l、w、h，调用的那个函数里的参数也是l、w、h，它们同名了，不就是把值传给自己吗？"

"大牙这个问题提得非常好啊！这里虽然它们的名字相同，但其实不是同一个变量，这就好比班里有两个同学同名了，其实他们还是不同的两个同学。主函数中的实际参数l、w、h在主函数中定义，也只能在主函数中使用。自定义函数中的形式参数l在自定义函数中定义，所以也只能在自定义函数中使用。主函数和自定义函数中的变量v也是一个道理。我们把这种在函数内部定义并使用的变量叫作局部变量，因为它只能在局部有效。"

"哦哦，那是不是还有全部变量，可以整个程序都使用啊？"

"对的，但是这种变量叫作全局变量，不是全部变量哦。我再考考大家，刚才我们把游泳池容纳水的最大体积求出来了，我现在如果要给游泳池贴瓷砖，那么需要准备多少面积的瓷砖呀？"

"那就是说，在求游泳池容积的同时，还要求一下五个面的面积，但是一个函数只能返回一个值，怎么才能返回多个值呢？"

"大牙思考得很好，没错，函数确实只能返回一个值，但求其他面积时并不一定也需要像求体积一样都用返回值，我们可以利用刚才说的全局变量，在求容积的同时直接求面积。"

案例2： 游泳池的瓷砖面积。

```
#include<iostream>
```

```
using namespace std;
int s;
int volume(int l,int w,int h);
int main()
{
    int v;
    int l, w, h;
    cin>>l>>w>>h;
    v=volume(l,w,h);
    cout<<" 游泳池可装水 : "<<v<<" 立方米 , 用瓷砖 : "<<s<<" 平方米。"<<endl;
    return 0;
}
int volume(int l,int w,int h)
{
    int v;
    v=l*w*h;
    s+=l*w;
    s+=2*w*h;
    s+=2*l*h;
    return v;
}
```

"哎呀，有好多不懂的地方。首先，这个函数 volume 我知道是求体积的，但是它为什么会跑到主函数的下面啊？"

"大宝观察得还真是很仔细，这个是编写人的习惯，我习惯把函数写在主函数底下，但是这样写，由于计算机是从上向下地执行程序，在主函数中调用函数 volume 时，因为 volume 函数在主函数的下面，所以计算机找不到，这就需要在最前面加上一个 volume 函数的声明，告诉一下计算机程序里有这个函数，让计算机到 main 函数后面去找。"

"哦哦，这个我懂了。那么变量 s 怎么写在函数的外面了，这样写不就错了吗？"

"变量 s 定义在函数外面，它从定义起的那个位置一直到程序结束都可以

小学生
C++ 编程启蒙

被使用，也就是我们上面说的全局变量，并且在全局定义时，系统会自动初始值为 0。所以在 volume 函数中计算 s 之后，就可以直接在 main 函数中输出了。"

课后练一练

1. 下列程序的运行结果是（　　　）。

```cpp
#include<iostream>
using namespace std;
int n=10;
void fun()
{
    int n=20;
    cout<<n;
}
int main()
{
    n=30;
    fun();
    cout<<" "<<n<<endl;
    return 0;
}
```

A. 20 30　　　　　B. 30 20　　　　　C. 20 20　　　　　D. 30 30

2. 班级的计算机成绩出来了，大牙想编写一个程序来判断一下同学们的最高分、最低分和平均分分别是多少。请你补充完整下列程序中空缺的语句。

```cpp
#include<iostream>
using namespace std;
int score[30];
int Max, Min;
float ave;
void fun();
int main()
```

272

```
{
    int i;
    for(i=0;i<30;i++)
        cin>>score[i];
    _____(1)_____;
    cout<<Max<<" "<<Min<<" "<<ave<<endl;
    return 0;
}
void fun()
{
    int i,sum=score[0];
    Max=score[0];Min=score[0];
    for(_____(2)_____)
    {
        if(score[i]>Max) Max=score[i];
        if(score[i]<Min) Min=score[i];
        sum+=score[i];
    }
    ave=sum/30.0;
}
```

3. 学校准备组织一场歌唱比赛，进入决赛的一共有 10 名同学，学校邀请了 6 名评委进行评分，评分范围是 0 到 10 分。每名同学的最终得分是从这些评委的打分中去掉一个最高分，去掉一个最低分，剩下 4 个评分的平均数。请问得分最高的同学的分数和所有同学的平均分分别是多少？

第43课　哥德巴赫猜想

大宝指着学校的科学家橱窗说："丁丁老师，您看，这是陈景润。"

丁丁老师　"陈景润是我国著名的数学家。1973 年，他在《中国科学》杂志上发表了哥德巴赫猜想"1+2"的详细证明，引起世界轰动，这一结果被公认是对哥德巴赫猜想研究的重大贡献，国际数学界都称之为'陈氏定理'。"

大牙　"哥德巴赫猜想？那是什么？"

丁丁老师　"哥德巴赫猜想的一个通俗说法就是任何一个大于 2 的偶数都可以写成两个质数之和。"

大宝　"质数？质数又是什么？"

丁丁老师　"在大于 1 的自然数中，除了 1 和它本身以外不再有其他因数的自然数，称为质数。比如 12 的因数有 1、2、3、4、6、12，它就不是一个质数，而 13 的因数只有 1 和 13，它就是一个质数。"

大宝　"哦，原来是这样啊！"

大牙　"那如果是一个很大的数，我们怎么判断它是不是质数呢？"

丁丁老师　"当数很大时，想判断有时候很困难。这时可以借助计算机，通过编程来判断。"

大牙　"对呀！计算机判断起来可快了！那程序怎么写呢？"

丁丁老师 "根据定义，如果这个数能够被除了 1 和其本身之外的数整除，那这个数就不是质数。"

案例 1: 判断质数。

```cpp
#include<iostream>
using namespace std;
int prime(int n)
{
    int i;
    for(i=2;i<=n-1;i++)
        if(n%i==0)
            return 0;
    return 1;
}
int main()
{
    int n;
    cin>>n;
    if(prime(n))
        cout<<n<<" 是质数 "<<endl;
    else
        cout<<n<<" 不是质数 "<<endl;
    return 0;
}
```

大牙 "丁丁老师，这个 prime 函数是判断质数的，程序从 2 开始判断，一直到 n-1，如果这些数中有某个数能够被 n 整除，则表示它不是质数；如果判断到循环结束都没有出现能够被 n 整除的数，则说明 2~n-1 都没有因数，那它就是质数了。"

丁丁老师 "大牙太厉害了！就是这个原理。"

大牙 "这个 if(prime(n)) 是什么意思啊？是质数应该写成 if(prime(n) == 1) 吧？"

丁丁老师 "对呀，这是 if(prime(n) == 1) 的简写，我们来看一下这个表，这两种写法返回的值都是一样的，所以两种写法都没有问题。C++ 编程力求简洁，所以高手都会写成 prime(n) 这种形式。"

变　　量	n	prime(n)	prime(n) == 1
非质数情况	12	0	0
质数情况	13	1	1

 大牙 "哈哈，我也要成为高手。"

丁丁老师 "只要你不断锤炼，很快就会成为真正的高手的。质数的判断解决了，下面来看一下如何证明哥德巴赫猜想吧！"

案例 2:　哥德巴赫猜想。

```cpp
#include<iostream>
using namespace std;
int prime(int n)
{
    int i;
    for(i=2;i<n;i++)
        if(n%i==0)    return 0;
    return 1;
}
int main()
{
    int n;
    cin>>n;
    if(n%2!=0)      // 如果不能被 2 整除，说明不是偶数
    {
        cout<<" 输入错误，请重新输入 "<<endl;
        return 0;
    }
    else
    {
        for(int i=2;i<n-1;i++)
            if(prime(i) && prime(n-i))
            {
                cout<<n<<"="<<i<<"+"<<n-i<<endl;
                return 0;
```

```
                    }
              }
        }
```

🐗 大牙 "丁丁老师，main 函数中，前面的 if 判断输入的数如果不是偶数，就要求重新输入，我看懂了。后面的 else 应该是哥德巴赫猜想的证明，您能讲一下吗？"

👩‍🏫 丁丁老师 "好的。这里的 n 代表要证明的偶数，i 和 n-i 分别代表要证明的两个质数。最小的质数就是 2，所以我们从 2 开始寻找，只要找到同时满足 i 和 n-i 都是质数的情况，那就找到了。这就是 if(prime(i) && prime(n-i)) 这个语句的意思。"

🐗 大牙 "哦，我懂了。"

✏️ 课后练一练

1. 科学家（　　　）不属于计算机领域的专家。

　　A. 姚期智　　　　　B. 李未　　　　　C. 华罗庚　　　　D. 夏培肃

2. 👩‍🏫 丁丁老师 "大牙，你知道回文数吗？"

🐗 大牙 "当然知道了，原来讲过，回文数就是一种顺读和倒读都一样的数字。比如 98789，这个数字正读是 98789，倒读也是 98789。"

👩‍🏫 丁丁老师 "嗯，不错，现在还有一种数，叫作平方回文数。如果一个回文数同时还是某一个数的平方，这样的数字就叫作平方回文数。例如 121，它既是回文数，又是 11 的平方。"

🐗 大牙 "哈哈，平方回文数更有意思了，那平方回文数有多少个呀？"

👩‍🏫 丁丁老师 "那我就要考考你了，下面的程序可以求 100 000 以内的所有平方回文数，你来负责把空白处填上吧！"

```
#include<iostream>
using namespace std;
bool isPalindrome(int n)
{
```

```cpp
    int x,hw=0;
    x=n;
    while(x!=0)
    {
        hw=hw*10+x%10;
        x=x/10;
    }
    if(___(1)___) return true;
    else return false;
}
int main()
{
    int i,num;
    i=0;
    num=i*i;
    while(___(2)___)
    {
        if(isPalindrome(num))
            cout<<num<<endl;
        i++;
        num=i*i;
    }
    return 0;
}
```

3. 丁丁老师 "大宝，你知道水仙花吗？"

大宝 "当然知道了，水仙花开起来特别漂亮。"

丁丁老师 "嗯，现在有一类数，比如 153，它具有以下性质：

$$1^3+5^3+3^3=1+125+27=153$$

一个三位数中，如果各位数字的三次方之和还等于它本身，我们就把具有这种性质的数称为水仙花数。"

大宝 "哦，这个数可真有意思，为什么起名叫水仙花数呢？"

丁丁老师 "这类数从自身出发，又回到了自身，有这种只钟爱自己的性质，所以我们称其为自恋数 (narcissistic number)。心理学上有一个名称叫'水仙花情结'，其意思是'自我陶醉'，根据上述数的性质，人们就把这些数冠以'水仙花'数的美称了。"

六宝 "哦，太有意思了，水仙花数还有哪些呢？"

丁丁老师 "这个问题应该交给你来探索，请你编写一个程序，利用函数来找出三位数中的所有水仙花数吧。"

第44课　埃氏筛法

"丁丁老师，我对哥德巴赫猜想非常感兴趣，就编写了一个验证程序，用来验证 1 000 000 以内的偶数是否能够表示成两个质数之和，可是程序好像死机了，结果出不来。"

"那把数据改小一点呢？比如说先验证 1000 以内的呢？"

"1000 以内的话程序正常。"

"哦，那说明程序的逻辑性没有问题，只是时间复杂度太高了！"

"时间复杂度是什么意思？"

"就是程序运行效率低，花费的时间太多了！"

"可我就是利用您的方法呀！"

"解决问题的方法有很多种，我给大家讲解往往从简单的开始，但简单的方法往往效率不高。"

"哦，是这样呀！下面是我写的程序，您赶紧帮我看看怎么提高这个程序的效率。"

案例1：　验证 1 000 000 以内的哥德巴赫猜想。

```
#include<iostream>
using namespace std;
int prime(int n)
{
    int i;
    for(i=2;i<n;i++)
        if(n%i==0)      return 0;
```

```
        return 1;
}
int main()
{
    int n,i;
    for(n=4;n<=1000000;n=n+2)
    {
        for(i=2;i<=n-2;i++)
            if(prime(i) && prime(n-i))
                break;
        if(i>=n-1)
            cout<<n<<" 不能表示成两个质数之和。";
    }
    cout<<" 全部验证成功！";
    return 0;
}
```

丁丁老师 "大宝的这个程序写得没有问题，很好！问题出在质数的判断上，当 n 较小时，判断的次数比较少，但是当 n 较大时，判断次数就会显著提高。"

大宝 "对呀！当 n 接近 1 000 000 时，每次都要循环将近 1 000 000 次呢！"

丁丁老师 "可以对 prime 函数做以下修改。"

案例 2： prime 函数的修改。

```
#include<cmath>
int prime(int n)
{
    int i;
    for(i=2;i<=sqrt(n);i++)
        if(n%i==0)
            return 0;
    return 1;
}
```

大宝 "n 怎么变成了 sqrt(n) 了？"

"这就是算法的优化，要解释这个优化，大家可要动动脑子了。我们假设 n 能被某一个整数 d_1 整除；由整除的定义可知，n/d_1 也是一个整数，称为 d_2；因为 $n=d_1 \times d_2$，如果其中一个因子大于 sqrt(n)，那么另一个一定小于 sqrt(n)。因此，如果 n 有约数，肯定有一个小于或等于它的平方根。"

"哦，我知道了。两个约数中，肯定一大一小，只需要判断到小的就可以了，如果判断到 sqrt(n) 还没有找到约数，那就不用找了，肯定是质数了。"

"大宝理解了！"

"那我来试试。真的可以了！那我再试试更大的 10 000 000。丁丁老师，10 000 000 又不行了。"

"这个改进只是局部优化，效率提升得有限，你要是想验证 10 000 000 的规模，我给你讲一个全新的算法——埃氏筛法。"

"太好了！"

"埃氏筛法的全称是埃拉托斯色尼筛选法，该方法可以表述为要想得到一个自然数 n 以内的全部质数，必须把不大于 √n 的所有质数的倍数剔除，其他剩余的都是。例如下表展示了 16 以内的所有质数的筛选方法。

步骤一：16 开平方为 4。

步骤二：1~4 的质数有 2 和 3。

步骤三：从 2~16 中把 2 和 3 的倍数去掉，剩下的其他数就全部都是质数了。"

	2	3	4	5	6	7	8	9	10	11	12	13	14	15	16
步骤1:2	2	3	✕	5	✕	7	✕	9	✕	11	✕	13	✕	15	✕
步骤2:3	2	3	✕	5	✕	7	✕	✕	✕	11	✕	13	✕	✕	✕

利用埃氏筛法在纸上画出 2~25 一共有多少个质数。

你的答案：

★ 动动手 ★

"啊！丁丁老师，利用埃氏筛法算质数确实快！但是怎么利用计算机来计算呢？"

"利用计算机实现埃氏筛法需要新建一个布尔类型的数组，数组下标表示数，数组的值用来以标记这个数是否是质数。"

初始值 1 表示不是素数

下　　标	0	1	2	3	4	5	6	7	8	9	10	11	12	13	14	15	16
初 始 值	1	1	0	0	0	0	0	0	0	0	0	0	0	0	0	0	0
步骤1：2	1	1	0	0	1	0	1	0	1	0	1	0	1	0	1	0	1
步骤2：3	1	1	0	0	1	0	1	0	1	1	1	0	1	0	1	1	1

"哦，理解起来不是很难！"

"那好，利用埃氏筛法实现的哥德巴赫猜想代码如下，你来看看有没有问题？"

案例3：　　埃氏筛法。

```
#include<iostream>
#include<cmath>
using namespace std;
bool num[10000001]={1,1};
void Era(int n)
{
    int sn=sqrt(n);
    for(int i=2;i<=sn;i++)
    {
        if(num[i])
            continue;
        for(int j=i*2;j<=n;j+=i)
            num[j]=true;
    }
}
int main()
{
    int n,i;
    Era(10000001);
    for(n=4;n<=10000000;n=n+2)
```

```
    {
        for(i=2;i<=n-2;i++)
            if(num[i]+num[n-i]==0)
                break;
        if(i>=n-1)
            cout<<n<<" 不能表示成两个质数之和。";
    }
    cout<<" 全部验证成功！";
    return 0;
}
```

"真的耶！这次 10 000 000 很快就算出结果了！"

"编程的学习就是不断挑战自我，这也是学习编程的乐趣。"

"嗯，是的，丁丁老师每讲一个算法，都让我心潮澎湃。我好奇地问一句，有没有比埃氏筛法更快的算法呀？"

"有呀！欧拉筛。"

"欧拉筛比其他算法要快出多少？"

"太好了，您赶紧讲一讲欧拉筛。"

"大宝的学习精神可嘉！俗话说贪多嚼不烂，你先把埃氏筛法好好复习复习！"

课后练一练

1. 质因数是指一个正整数的约数，并且该数还是质数的数字。例如：2 是 18 的约数，同时 2 也是质数，则 2 是 18 的质因数；当然，3 也是 18 的质因数。请你计算一下，231 互不相同的质因数一共有（　　　）个。

A. 1　　　　　　　B. 2　　　　　　　C. 3　　　　　　　D. 4

2. 下面的程序可以计算三位数的质数有多少个，也就是 100~999 内质数的个数，请你补充完整。

```cpp
#include<iostream>
#include <cmath>
using namespace std;
bool num[1000]={1,1};
void Era(int n)
{
    int sn=sqrt(n);
    for(int i=2;i<=sn;i++)
    {
        if(num[i])
            continue;
        for(int j=i*2;j<=n;j+=i)
            num[j]=true;
    }
}
int main()
{
    int i,total;
    total=0;
    Era(___(1)___);
    for(i=100;i<=999;i++)
        if(___(2)___)
            total++;
    cout<<total<<endl;
    return 0;
}
```

3. 古希腊数学家毕达哥拉斯在自然数的研究中发现，220 的所有真约数（不是自身的约数）之和为

$$1+2+4+5+10+11+20+22+44+55+110=284$$

而 284 的所有真约数为 1、2、4、71、142 加起来恰好为 220。人们对这样的数感到很惊奇，并称之为亲和数。一般地讲，如果两个数中的任何一个数都是另一个数的真约数之和，则这两个数就是亲和数。

请你编写一个程序，判断给定的两个数是否为亲和数。

大宝很喜欢走在公园的小路上，公园的小路上种植着各种各样的树。有一次，大宝沿着小路自西向东记录这些树的名字。

　　"这是杨树、柳树、樟树、杏树、桃树、李树、枣树、枣树、槐树、合欢树、杏树、柏树、柳树、杏树、李树、槐树、柏树、杨树、杨树、槐树……"

　　"大宝，你记录了那么多树，你知道一共有多少种树吗？"

　　"这个不是很复杂，我每次数的时候都会看一下前面有没有出现过，如果没有出现过，那我就把种类数加一；如果出现过，直接判断下一个就行了，最后把总数输出就可以了！"

案例1：　　树的种类。

```
#include<iostream>
using namespace std;
```

```cpp
bool judge(string a,string b)
{
    if(a==b)
        return true;
    else
        return false;
}
int main()
{
    int i,j,ans=0;
    string tree[20]={"杨树","柳树","樟树","杏树","桃树","李树",
                     "枣树","枣树","槐树","合欢树","杏树","柏树",
                     "柳树","杏树","李树","槐树", "柏树","杨树",
                     "杨树","槐树" };
    for (i=0;i<=19;i++)
    {
        for (j=0;j<i;j++)
            if(judge(tree[i],tree[j]))
                break;
        if (j==i)ans++;        // 如果前面没有重复，那么我们记录种类 +1
    }
    cout<<" 这条路上树的类型一共有 "<<ans<<" 种 ";
}
```

　　"这里把数组里面的每一个元素作为实参传递给 judge 函数进行相等判断。"

　　"大宝真不错，能够学以致用，这里把数组元素作为实际参数传递过去，这是典型的值传递。除了值传递，还有一种方法也可以实现这个程序。"

　　"什么方法呢？"

　　"地址传递，就是一次性把整个数组都传递过去，实现方法就是利用数组名作为函数参数。"

案例 2： 利用数组名作为参数计算树的种类。

```cpp
#include<iostream>
```

```cpp
using namespace std;
bool judge(string s[],int y)
{
    for(int i=0;i<y;i++)
    {
        if(s[i]==s[y])
            return false;
    }
    return true;
}
int main()
{
    int ans=0;
    string tree[20]={"杨树","柳树","樟树","杏树","桃树","李树",
                "枣树","枣树","槐树","合欢树","杏树","柏树",
                "柳树","杏树","李树","槐树", "柏树","杨树",
                "杨树","槐树"};
    for(int i=0;i<=19;i++)
    {
        if(judge(tree,i))
            ans++;
    }
    cout<<" 这条路上树的类型一共有 "<<ans<<" 种。";
}
```

大宝 "这一下变得我都不认识了，这个 judge 函数的参数 tree 是怎么回事？"

丁丁老师 "tree 是数组名，它代表数组首地址，所以也称为地址传递。这里将数组 tree 的起始地址传递给 judge 函数的数组 s，相当于这两个数组同时使用一个地址。"

tree	tree[0]	tree[1]	tree[2]	...
	杨树	柳树	樟树	...
s	s[0]	s[1]	s[2]	...

大宝 "那这个主函数中传递过去的 tree 数组是首地址，它和 judge(tree,i) 的地址有什么不同？"

"这两个地址是同一个地址，元素 tree[0] 的地址写作 &tree[0]，你可以把 judge(tree,i) 替换成 judge(&tree[0],i)，试试看？"

大宝 "真是一样的！"

丁丁老师 "利用地址传递，主函数看上去是不是简化了不少呀！其实在 C++ 中，地址也是一种数据类型，叫作指针类型。指针类型的变量应用非常广泛，使用得当，会极大地简化我们的程序。"

大宝 "那快点讲讲！"

丁丁老师 "我就喜欢你这种勤奋学习的精神，不过今天不行了，下次我再详细给你讲，你把今天学习的内容再复习一下吧！"

大宝 "好的！"

课后练一练

1. 数组名的含义是 (   )。

  A. 数组本身   B. 数组的长度

  C. 数组的起始地址   D. 数组的别名

2. 大牙 "大宝，我发现数字 7 是一个神奇的数字。"

大宝 "7 有什么神奇的？"

大牙 "你看呀！一周有 7 天，音乐有'哆来咪发唆拉西'7 个音符，颜色有'赤橙黄绿青蓝紫'7 色，人有 7 窍，等等。"

大宝 "经过你这么一说，还真是呀！"

丁丁老师 "还有一种数是与 7 相关的数，如果是 7 的倍数或者数字的各个位上包含 7，则这个数就与 7 相关。既然大牙觉得数字 7 很神奇，那就请你来编程判断一下输入的 n 个数中有哪些是与 7 相关的数吧！"

```
#include<iostream>
using namespace std;
void seven(int a[],int n)
```

```
{
    for(int i=0;i<n;i++)
    {
        if(a[i]%7==0)
        {
            cout<<a[i]<<endl;
            continue;
        }
        int num=a[i];
        while(num!=0)
        {
            if(_____(1)_____)
            {
                cout<<a[i]<<endl;
                break;
            }
            num=num/10;
        }
    }
}
int main()
{
    int n,i,a[10];
    cin>>n;
    for(i=0;i<n;i++)
        cin>>a[i];
    seven(___(2)___);
    return 0;
}
```

3. 期末考试后，班主任想根据每名同学的信息——姓名（不超过 8 个字符且仅有英文小写字母的字符串）、语文成绩、数学成绩、英语成绩（均为不超过 150 的自然数）算出班级总分最高的学生是哪位，输出这个学生的各项信息（姓名、各科成绩）；如果有多个总分相同的学生，就输出学号靠前的那个学生的信息，请你帮助班主任编写一个程序实现这些功能。

第46课　引用作为参数传递

🐵 大牙　"大宝，你们在玩什么，给我看看。"

🐵 大宝　"大牙，你快来帮帮我吧，小柯的游戏好难啊！"

🐵 大牙　"什么游戏啊？"

👧 小柯　"大牙，我这里现在有三个倒扣的纸杯子，其中，第一个杯子里有一个乒乓球。下面我会多次交换这三个杯子中的任意两个杯子，你能知道最后小球在哪个杯子里吗？"

🐵 大牙　"这容易啊，只有三个杯子，只要慢慢观察，很容易就能知道了。"

🐵 大宝　"可是小柯移动杯子的速度很快，次数又多。"

🐵 大牙　"是个问题。大宝，咱们可以编个程序来模拟小柯移动杯子的过程。"

🐵 大宝　"这游戏还可以编程吗？"

🐵 大牙　"对呀，可以定义三个变量当作是三个杯子，将一开始有球的杯子的值初始化为1，其他为0。然后观察小柯移动的杯子，将对应的两个变量的值做交换，最后输出三个杯子的值就知道小球在哪里了！"

🐵 大宝　"哇，大牙你好棒！那咱们赶快开始吧！"

案例 1：　交换变量。

```
#include<iostream>
```

```
using namespace std;
void swap(int a,int b)
{
    int c;
    c=a;
    a=b;
    b=c;
}
int main()
{
    bool cup[3]={1,0,0};
    int i,cnt,num1,num2;
    cout<<" 请输入要交换的次数: "<<endl;
    cin>>cnt;
    for(i=0;i<cnt;i++)
    {
        cout<<" 请输入交换的两个杯子的序号 (0 1 2): "<<endl;
        cin>>num1>>num2;
        swap(cup[num1],cup[num2]);
    }
    for(i=0;i<3;i++)
        if(cup[i])
        {
            cout<<" 球在 "<<i<<" 号杯子里! "<<endl;
            break;
        }
    return 0;
}
```

"大牙，你的程序不行，杯子里的球根本不会动。"

"我来试试，好像是的。可是程序好像没有问题呀！"

"我也觉得没有问题，要不我们去问问丁丁老师吧！"

"大牙，你写的程序思路没有问题，问题出在参数传递上。你可以看一下右边这张图。"

丁丁老师继续说："比如我们要交换 0 号和 1
号杯子，当参数传递给形参 a 和 b 后，其实 a 和 b
经过 swap 函数后就已经交换了位置。但是 a 和 b 没有办法将交换之后的值传回 cup[0]
和 cup[1] 变量，所以 cup[0] 和 cup[1] 的值还是原来的值。"

"哦，我知道了，这就是不管怎么变换，cup[0] 始终是 1 的原因。那有没有
办法可以实现 a 和 b 的值交换之后，cup[0] 和 cup[1] 的值也跟着变化呢？"

"可以的，那就是引用。"

"什么是引用？"

"引用是给已存在的变量取的别名，编译器不会为引用变量开辟空间，
它和它所引用的变量共用一块内存空间。比如大宝你吧！我听大家也叫你宝宝，则
宝宝就是大宝的别名，叫大宝你会答应，叫宝宝你当然也会答应，实际上都是指大宝你
本人。"

"哦，同一个变量，不同的名字。那么引用怎么使用呀？"

"使用很简单，引用的格式如下：

```
int &b=a;
```

定义时在 b 的前面加上 &，这样 b 就是变量 a 的别名了。"

"确实很简单，那引用怎么来解决这个交换问题呢？"

"只需要把 swap 函数改变一下就行了。"

案例 2: 引用型变量应用。

```
void swap(int &a,int &b)
{
    int c;
    c=a;
    a=b;
```

```
        b=c;
}
```

 大宝 "只需要改一下就可以了？"

 丁丁老师 "是呀！这里使用引用之后，变量的性质就不一样了。这里的 a 就是变量 cup[0] 的别名，b 就是变量 cup[1] 的别名，a 和 b 交换，相当于 cup[0] 和 cup[1] 交换。大家可以看一下右边的示意图。"

```
cup[0] ←─1─→ a    a:1          a:0    ←──→ cup[0]
cup[1] ←─0─→ b    b:0   swap    b:1    ←──→ cup[1]
```

 大宝 "哦，我彻底明白了，使用引用之后，相当于把形参的值又传回了实参，完成了形参和实参的同步变化。"

 丁丁老师 "对的，以后如果想实现形参和实参的同步变化，记得用引用来实现哦！"

 课后练一练

1. 对于下面的代码，说法正确的是（   ）。

```
int a=20;
int &b=a;
int &c=b;
```

　　　A. 程序定义了三个整型变量

　　　B. 程序定义了两个整型变量

　　　C. 程序定义了一个整型变量和两个引用类型的变量

　　　D. 程序定义了一个整型变量，b 和 c 都是变量 a 的别名

2. 阅读程序写答案

```
#include<iostream>
using namespace std;
void f(int& x){
    x+=100;
}
```

```
int main(){
    int a=10;
    int& p=a;
    cout<<p<<endl;
    p+=5;
    cout<<a<<endl;
    f(p);
    cout<<a<<endl;
    return 0;
}
```

程序的输出结果为_____。

3. 大宝和大牙在课堂中学会了使用函数传递地址参数，实现了交换两个变量的值。那么你是否可以编写一个程序，实现从键盘输入三个数 a、b、c，通过调用函数 swap 交换三个数的值，并使最后 a 中的值为最大值，b 中的值为第二大的值，c 中的值为最小值。

输入 / 输出示例：
输入：

```
6 4 5
```

输出：

```
6 5 4
```

插 入 排 序

加油！加油！

加油助威的呐喊声络绎不绝，一年一度的跳绳比赛开始啦！

六宝 "大牙加油，加油，还有几十秒就结束了，再坚持一下。"

六牙 "呼！呼！呼！"

六宝 "终于结束了，赶紧喝口水歇歇，大牙。"

丁丁老师 "真是一场酣畅淋漓的比赛呢，大牙跳得很好，真的很棒啊，马上奖励你一个冰淇淋降降温。"

六牙 "累死我了，我跳了多少个啊？排名咋样？"

六宝 "你跳了 97 个，排名的话，现在比赛刚结束，还没有排。"

丁丁老师 "我看大牙已经迫不及待想知道自己的成绩了，我们先来排一下吧。"

六宝 "好的，我去拿纸和笔。"

丁丁老师 "你要手算吗？只需要使用计算机编个程序就行了！"

丁丁老师 "排序的方法有很多，这次我教大家一种新的方法——插入排序。这个算法的思想是将我们要排序的序列分成两部分，分别是有序序列和无序序列。每次从无序序列中依次选择一个待排序的数字，按大小插入有序序列。例如我们对 4、6、8、5、9 进行排序。"

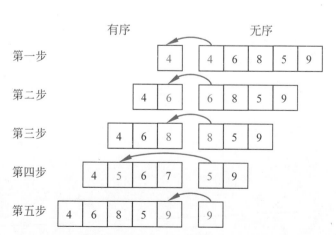

296

丁丁老师 "大宝你看，整个序列分成了有序数列和无序数列，但其实我们一般默认无序数列中的第一个数就是有序数列，所以都直接从第二步开始做。那么每次我们要做的就是从无序数列中取出第一个数，然后放进有序数列。重点是要判断放在有序数列中的什么位置，那么我们可以想到，取出的数应该和有序数列中的最后一个数从后往前比，如果比那个数小，那就继续往前判断；反之，如果比它大，那我们就找到要放的位置了，这时我们只需要从后往前，直到要插入的位置，将这其中的所有数都后移就行了。例如第四步，此时要将 5 插入有序数列 4、6、8，那从后往前找可以发现 4 比 5 小，所以应该将 5 放在 4 的下一个位置，即将 6 和 8 都向后移。"

大宝 "哦哦，思想我懂了，就是每次要找一个数插入有序数列中，使其还是有序的。但是这个代码该怎么写呢？"

丁丁老师 "正好可以结合我们刚学的函数数组名传递。"

案例 1： 插入排序。

```cpp
#include<iostream>
using namespace std;

void sort(int a[],int n)
{
    int i,j;
    for(i=2;i<=n;i++)
    {
        int temp=a[i];
        for(j=i-1;j>=1 && temp<a[j];j--)
            a[j+1]=a[j];
        a[j+1]=temp;
    }
}

int main()
{
    int n;
    int a[10];
    cin>>n;
```

```
    for(int i=1;i<=n;i++)
        cin>>a[i];
    sort(a,n);
    for(int i=1;i<=n;i++)
        cout<<a[i]<<" ";
}
```

"丁丁老师，我知道这个数组下标是从 1 开始的，但是为什么排序的时候 i 是从 2 开始啊？"

"这个就是我刚才讲的，一般我们默认第一个数即是有序数列，无须多比较一次。"

"哦哦，那下面的内循环是啥意思啊？"

"这个也就是我们说的将无序数列中的第一个数拿出来，记为 temp，然后在有序数列中找到一个合适的位置。这个循环的概念就是从有序数列的最后一项开始往前找，找到第一个比 temp 小的数的位置，然后把所有的数都向后移。"

"懂了懂了，没想到除了冒泡排序以外还有其他的方法，这个算法太有意思了。"

"哈哈哈，除了冒泡排序和插入排序，还有许许多多的其他排序方法，以后有机会再和你们讲。接下来有必要给大家讲一下，其实这个插入排序还可以改进优化。我给大家一点提示，我们可以在找合适的位置时进行优化，因为每一次都在有序数列中从最后往前找，那么既然数列是有序的，如果还从最后往前找，免不了浪费时间。"

"让我想想。我想到了，是折半查找！既然是有序的话，我们可以和折半查找相结合，找到一个比 temp 小的位置就好了，这样就不需要依次从后往前找了。"

"大宝太聪明了。我这个做老师的真的很有成就感啊！没错，就是和折半查找结合起来，在找位置的时候，利用折半查找可以大大提高效率。"

案例 2： 改进版插入排序——折半查找插入排序。

```
#include<iostream>
using namespace std;
```

```cpp
void sort(int a[], int n)
{
    int i, j;
    for(i=2; i<=n; i++)
    {
        int temp=a[i];
        int low=1, high=i-1;

        while(low<=high)
        {
            int mid=(low+high)/2;
            if(temp < a[mid])    high=mid-1;
            else low=mid+1;
        }

        for(j=i-1;j>high; j--)
            a[j+1]=a[j];
        a[high+1]=temp;
    }
}

int main()
{
    int n;
    int a[10];
    cin>>n;
    for(int i=1; i<=n; i++)
        cin>>a[i];
    sort(a, n);
    for(int i=1; i<=n; i++)
        cout<<a[i]<<" ";

}
```

大宝　"这个 low 是 1 我懂，但是 high 为什么会是 i−1 啊？"

丁丁老师 "哈哈哈，因为我们是在有序数列中找合适的位置，所有有序数列不就是 1 到 i-1 嘛，i 是无序数列中的第一项啊。"

大宝 恍然大悟"对对对，我懂了。那这个折半查找的结果是啥呀？"

丁丁老师 "问得好，这个折半查找，找的就是比 temp 小的所有数中最大的那个数的位置，所以这里面没有写 a[mid] == temp 这个语句。最后的结果就是 high 是小于 low 的，也就是比 temp 小的那个数，所以从 i-1 到 high + 1 需要后移，最后把 temp 插在 high + 1 上。"

课后练一练

1. 若对 n 个元素进行直接插入排序，在进行任意一趟排序的过程中，为了寻找插入位置而需要的时间复杂度为（　　　）。

    A. O(1)　　　　　　B. O(n)　　　　　　C. O(n^2)　　　　　　D. O(logn)

2. 大宝 "大牙，你整理扑克牌的方法和插入排序的方法一样！"

大牙 "对呀，我手里的牌是有序的，每摸一张牌，就将其插入这个有序数列，就是插入排序。"

大宝 "太好了！那我们利用插入排序算法写一个自动整理牌的程序吧！那就非常酷了！"

大牙 "好是好，可是大小王怎么表示呢？还有 A 和 2 都比 3 大，怎么比较呢？"

大宝 "这个简单，我们把 A 看作 14，2 看作 15，小王看作 20，大王看作 30，这样不就可以比较了吗？"

注：每人发 18 张牌，发到大王直接输入 30，发到小王直接输入 20。请你把下面的程序补充完整。

```cpp
#include<iostream>
using namespace std;
int poker[]={};
void insertSort(int p[],int n){
    for(int i=1;i<n;i++) {
```

```
            int temp=p[i];
            int j=i-1;
        while(j>=0 && p[j]>temp) {
                (1)      ;
                j--;
            }
            p[j+1]=temp;
        }
}
int main(){
    int num=18,n;
    for (int i=0;i<num;i++) {
        cin>>n;
        if(n==1)
            poker[i]=14;
        else if (n==2)
            poker[i]=15;
        else
            poker[i]=n;
    }
    insertSort( (2) );
    for(int l=0;l<num;l++) {
        if(poker[l]==14)
            cout<<1<<" ";
        else if(poker[l]==15)
            cout<<2<<" ";
        else
            cout<<poker[l]<<" ";
    }
    cout<<endl;
    return 0;
}
```

3. 在一次考试中，每个学生的成绩都不相同，现在利用数组下标来代表学生的学号，请你编写一个程序，查询一下考了第 k 名的学生的学号和成绩分别是多少。

新学期开学了，学校要重新测量一下同学们的身高，方便新学期的座位安排。

大宝　"大牙，我发现了一个好玩的规律。"

大牙　"什么规律？"

大宝　"小柯比星星高2cm，木木比小柯高2cm，而我又比木木高2cm。"

大牙　"哈哈，是挺有规律的。那你有多高呀？"

大宝　"我身高120cm。"

大牙　"你身高120cm，你比木木高2cm，木木高118cm，木木比小柯高2cm，小柯高116cm，小柯又比星星高2cm，星星就是114cm。"

大宝　"你这个推算是一环扣一环的，这在计算机中叫作嵌套。"

大牙　"嵌套？"

"对呀！嵌套就是指在一个函数里面再嵌套一个或多个函数的情况。你这个演算过程可以用这张图表示出来。"

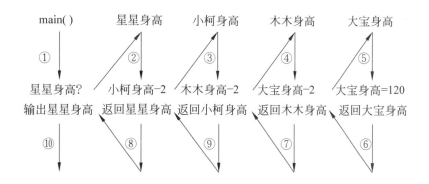

 "哦，那嵌套程序怎么写呀？"

 "我来写一个给你看看。"

案例 1： 嵌套调用计算身高。

```
#include<iostream>
using namespace std;
int high_dabao(){
  int dabao=120;
    return dabao;
}
int high_mumu(){
  int mumu;
  mumu=high_dabao()-2;
    return mumu;
}
int high_xiaoke(){
  int xiaoke;
  xiaoke=high_mumu()-2;
    return xiaoke;
}
int high_xingxing(){
  int xingxing;
  xingxing=high_xiaoke()-2;
    return xingxing;
```

```
}
int main(){
    int xingxing;
    xingxing=high_xingxing() ;
    cout<<" 星星身高: "<<xingxing<<endl;
  return 0;
}
```

大牙 "这个程序我看懂了。但是有一个问题，这个嵌套才 3 层，要是嵌套有个 10 层、20 层，这个程序岂不是非常复杂了？"

大宝 "大牙，就这个程序来说，如果身高数据每次都是减 2，我们就可以设置一个计数器，来控制嵌套的次数。"

大牙 "哦，怎么控制呢？"

大宝 "可以给函数设置一个参数 n，每调用一次，就让 n 的值减少 1，这样就可以控制调用次数了。"

案例 2: 多次嵌套调用。

```
#include<iostream>
using namespace std;
int high(int n)
{
  int d;
  if(n<=0)
      return 120;
  d=high(n-1)-2;
  return d;
}
int main(){
    int h;
    h=high(10);
    cout<<" 调用 10 次之后的身高: "<<h<<endl;
  return 0;
}
```

"这里把函数统一定义成 high，参数 n 每调用一次，就让参数 n 的值减少 1，当 n 的值减少到 0 时，就返回 120 结束嵌套调用。"

"这个函数 high 在自己调用自己呀！"

"调用自己和调用别的函数，原理都是一样的，你可以把它看成调用了很多函数的副本。"

"哦，这个太神奇了！原来感觉非常复杂的东西，写出来居然这么简单。"

"学无止境呀！"

课后练一练

1. 在 C 语言程序中，以下说法正确的是（　　　　）。

    A. 函数的定义可以嵌套，但函数的调用不可以嵌套

    B. 函数的定义不可以嵌套，但函数的调用可以嵌套

    C. 函数的定义和函数的调用都不可以嵌套

    D. 函数的定义和函数的调用都可以嵌套

2. "大宝，你在算什么呢？我看你汗都快出来了。"

"大牙，今天的数学作业太难了。老师上课讲了什么是阶乘，并且说明了阶乘是如何计算的，可是作业却把我难住了。"

"老师布置的作业是什么啊？让我看看。"

"题目是计算 1!+2!+3!+4!+5!+6!+7!+8!+9!+10! 的值，这也太多了。如果是计算 1!+2!+3!+4!+5! 的值，那我还能用草稿纸算一算，可是一直要计算到 10 的阶乘，我真的算不出来。"

"大宝，其实阶乘的计算是有巧妙方法的。比如你想计算 5 的阶乘，会发现其实 5 的阶乘就是 4 的阶乘再乘 5（5!=4!×5）。那么你就不用反复地计算某一个数字的阶乘了，只需要拿前一个数字的阶乘再乘上当前数字就可以得到当前数字的阶乘了。"

"哦！我明白了！可是大牙，如果题目是让我们计算 1!+2!+3!+…+

98!+99! 的值呢？就算用巧妙的方法，还是要计算很多很多。"

"咱不是有计算机嘛！可以编写一个求阶乘和的程序啊！"

// 求 1!+2!+3!+…+n!

```cpp
#include<iostream>
using namespace std;
int fac(int n)
{
  int sum=1;
  for(int i=1;i<=n;i++)
      sum*=i;
  return sum;
}
int fsum(int n)
{
  int sum=0;
  for(int i=1;i<=n;i++)
          _____(1)_____;
  return sum;
}
int main()
{
  int n;
  cin>>n;
  for(int i=1;i<n;i++)
      cout<<i<<"!+";
  cout<<n<<"!="<<____(2)____;
  return 0;
}
```

3. 在之前的课程中，我们学习过如何求两个数的最大公约数，以及如何用这两个数和它们的最大公约数求出它们的最小公倍数，那么你能不能使用函数嵌套调用求得两个数的最小公倍数呢？

第49课　初识递归

丁丁老师 "从前有座山，山里有座庙，庙里有个老和尚和小和尚，有一天老和尚给小和尚讲了一个故事，故事内容是：从前有座山，山里有座庙，庙里有个老和尚和小和尚，有一天老和尚给小和尚讲了一个故事，故事内容是……"

大宝 "丁丁老师，你在唱什么呢？真好听。"

丁丁老师 "哈哈哈，好听吧，这是《和尚歌》。"

大宝 "这个歌词是不是一直在重复啊？真好玩。"

丁丁老师 "对，歌词是在重复，但是按照计算机编程的术语，应该叫递归。"

大宝 "啊哈，什么是递归呀？"

丁丁老师 "递归就是指在运行的过程中不断地调用自己，把递归过程写成一个函数的话，那就是不停调用函数自身。"

大宝 "函数调用自身，那不成死循环了吗？"

丁丁老师 "嗯，递归程序为了避免死循环，在设计时一定要添加一个结束条件，要不就真成死循环了。就和这首歌一样，也不可能永远唱下去，唱几遍或者唱累了就结束了，这里的唱几遍和唱累了就是结束条件。"

大宝 "哦，那具体怎么写呢？"

丁丁老师 "那我就以整数逆序这个案例来说明一下递归程序的写法，比如输入1234，输出4321。"

大宝 "这个该怎么做呢？"

丁丁老师 "我们写一个整数逆序的函数 F(x)，该函数可以实现将整数的最后一位逆

序到整数的最前面，程序可以分解成黑板上
的形式。"

"哦，每次逆序一位数，挺简单的。
但有两个问题我不太理解：一是每次逆序后，
后面的 F 怎么表达？二是 F(1) 怎么到 1 之后
就没有了？"

"这里的 F 就是函数本身，也
就是自己调用自己；F(1) 将 1 提前之后，数据就变成 0 了，这里的 0 是结束条件，所以
就结束了。"

"是这样呀！还是有点抽象，具体怎么写呢？"

"好的，大家看看具体的程序，对照一下。"

案例 1： 利用递归调用打印出 n 的每位数。

```cpp
#include<iostream>
using namespace std;
void reverse(int n)
{
    if(n==0)   return; // 无返回值
    cout<<n%10;
    reverse(n/10);
    return;
}
int main()
{
    int n;
    cin>>n;
    reverse(n);
}
```

"我们对照一下程序，这里的函数 F(1234) 就是 reverse(1234)，第一次
调用时，首先输出 4，然后调用 reverse(123)，相当于完成了第一次递归调用。需要注
意的是，此时由于 reverse(123) 的调用没有结束，所以 reverse(1234) 的函数调用也没

有结束。这就是函数自身调用自身。"

　　　"哦，原来是这样。那函数什么时候结束呢？"

　　　"你看程序，整数每次调用一次，其数值就会除以 10，也就是不断变小，当最后变成 0 时，函数会执行 return 语句，提前结束函数的执行，这时候函数就结束了。这里还要注意，n 为 0 的函数结束后，函数就会回到上一层 n 等于 1 的情况，来结束 n 等于 1 时的函数，当 reverse(1) 结束后，又会回到 n 等于 12 的情况，以此类推。这个过程，称为回溯过程。"

　　　"哦，递归看似简单，蕴含的道理还不少呢！"

　　　"递归程序总结起来就 2 步，一是调用过程，二是返回过程。"

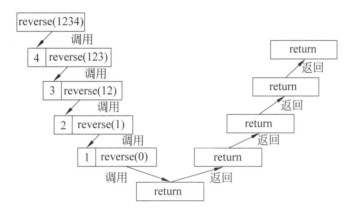

　　　"哦哦，我懂了，思路是明白了。"

　　　"要想理解递归程序，就要多画图，把递归的整个过程分析清楚。现在我把案例 1 改编一下，大宝你来分析一下程序的运行结果是什么。"

案例 2:　　递归调用案例。

```cpp
#include<iostream>
using namespace std;
void reverse(int n)
{
    if(n==0)  return; // 无返回值
    cout<<n%10;
    reverse(n/10);
```

```
        cout<<n%10;
        return;
    }
    int main()
    {
        int n;
        cin>>n;
        reverse(n);
    }
```

大宝 "丁丁老师，案例 2 比案例 1 只多了一个 cout 语句，那肯定是把 4321 多输出了一遍吧！"

丁丁老师 "大宝，刚才老师说了，初学递归要多画图，你这就忘了。我们一起来画一下图，来看看结果是什么。"

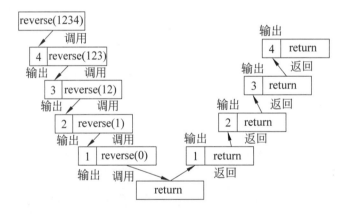

大宝 "哦，丁丁老师，我知道了，根据图形可以很清楚地知道输出结果是43211234。"

丁丁老师 "纸上得来终觉浅，绝知此事要躬行。大宝，以后碰到问题，你要多画图分析，这样才能理解透彻。"

 课后练一练

1. 递归函数调用一般都可以用一个数学表达式来表示，例如下面的式子：

F(n)=F(n-1)+n

该递归函数的递归出口为（　　）。

　　A. F(0)=1　　　　　B. F(1)=1　　　　　C. F(1)=0　　　　　D. F(n)=n

2. 写出下列程序的运行结果。

```cpp
#include<iostream>
using namespace std;
int row;                              // 全局变量行号
void print(int n)
{
    if(n==row+1)    return;           // 无返回值
    for(int i=1; i<=n; i++)
        cout << "*";
    cout<<endl;
    print(n+1);
    return;
}
int main()
{
    cin>>row;
    print(1);
    return 0;
}
```

程序输入：3

程序的运行结果为_____。

3. 丁丁老师家里有一个俄罗斯套娃，大牙看到后非常喜欢，在那里套来套去地玩。

大牙 "丁丁老师，您家这个俄罗斯套娃，最大的套娃有多重？"

丁丁老师 "这个我还真不知道，不过你可以编程计算一下。上次我称过最小的套娃是10g，而下一层套娃的重量都是上一层套娃的1.8倍。"

大牙 "好的，一共有7层套娃，大家一起和我编程计算一下吧！"

成绩管理系统

丁丁老师 "大家知道世界首富是谁吗？"

大宝 "比尔·盖茨！"

木木 "马云！"

小柯 "扎克伯格！"

大牙 "埃隆·马斯克！"

……

大家七嘴八舌地说着。

丁丁老师 "大家安静一下，我来公布一下，大牙同学说的是对的！大牙，你是怎么知道的？"

大牙 "我知道他的太空探索技术公司和特斯拉公司。太空探索技术公司发射了很多卫星上天，还准备登陆火星呢！特斯拉公司是研究电动汽车的。"

丁丁老师 "很好，你可能不知道，他从 10 岁就开始学习编程了，12 岁就开始写软件赚钱了！"

大牙 "啊，真的吗？世界首富就是不一样，他到底是怎么赚钱的？"

丁丁老师 "马斯克在 12 岁时就编写了一款以太空大战为主题的游戏 Blaster，最后以 500 美元的价格卖给了计算机杂志出版商。"

大牙 "这么说，他才学了 2 年时间就可以编写游戏了！"

丁丁老师 "对的，其实比尔·盖茨是从 13 岁开始学习编程的，20 岁时创办了微软公司。扎克伯格是从 11 岁开始学习编程的，19 岁就创办了 Facebook。"

"这么说，我也学习编程这么长时间了，我也能写软件！就是不知道写什么程序能卖钱。"

"学校刚好要开发一个成绩管理系统，大牙要是感兴趣，你可以编写一下。给你看看需求说明书。"

"好的，我就从这个系统开始，争取过几年也成立一家软件公司，我一定要把大宝带上，他编程也不错的。"

经过几天的努力，大牙终于完成了成绩管理系统，他向丁丁老师提交了他的文档和源代码。

成绩管理系统需求说明书

功能1：能够一次性录入10位同学的成绩。
功能2：输出第1名成绩。
功能3：对所有同学的成绩进行排名。
功能4：输出所有学生成绩排名情况。
功能5：退出系统功能。
功能6：有交互界面，每完成1项功能，让用户可以重新选择功能1~5进行交互。

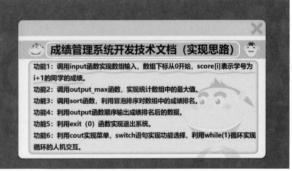

成绩管理系统开发技术文档（实现思路）

功能1：调用input函数实现数组输入，数组下标从0开始，score[i]表示学号为i+1的同学的成绩。
功能2：调用output_max函数，实现统计数组中的最大值。
功能3：调用sort函数，利用冒泡排序对数组中的成绩排名。
功能4：利用output函数顺序输出成绩排名后的数据。
功能5：利用exit (0) 函数实现退出系统。
功能6：利用cout实现菜单，switch语句实现功能选择，利用while(1)循环实现循环的人机交互。

案例： 成绩管理系统。

```cpp
#include<iostream>
#include<iomanip>
using namespace std;
void output_max(int score[])
{
    int maxa=-99;
    for(int i=0;i<10;i++)
        if(score[i]>maxa) maxa=score[i];
    cout<<" 第一名的成绩为: "<<maxa<<endl;
}
void input(int score[])
{
    for(int i=0;i<10;i++)
```

```
    {
        cout<<" 请输入 "<<i+1<<" 号同学的成绩: ";
        cin>>score[i];
    }
}
void sort(int score[],int rank[])
{
    for(int i=0;i<9;i++)
        for(int j=0;j<9-i;j++)
            if(score[j]<score[j+1])
            {
                int temp;
                temp=score[j];
                score[j]=score[j+1];
                score[j+1]=temp;
                int t;
                t=rank[j];
                rank[j]=rank[j+1];
                rank[j+1]=t;
            }
    cout<<" 排序成功! "<<endl;
}
void output(int score[],int rank[])
{
    for(int i=0;i<10;i++)
        cout<<" 第 "<<i+1<<" 名 :"<<setw(5)<<rank[i]<<" 号
"<<setw(5)<<score[i]<<endl;
    cout<<endl;
}
int main()
{
    int score[10],rank[10];
    int i,j,choice;
    for(int i=0;i<10;i++) rank[i]=i+1;
```

```
        while(1)
        {
                cout<<" 欢迎使用宝牙科学成绩管理系统! "<<endl;
                cout<<"1.录入学生成绩 "<<endl;
                cout<<"2.第一名的成绩 "<<endl;
                cout<<"3.学生成绩排名 "<<endl;
                cout<<"4.学生成绩排名输出 "<<endl;
                cout<<"0.退出 "<<endl;
                cout<<" 请输入你的选择: "<<endl;
                cin>>choice;
                switch(choice)
                {
                        case 1:input(score);break;
                        case 2:output_max(score);break;
                        case 3:sort(score,rank);break;
                        case 4:output(score,rank);break;
                        case 0:cout<<" 感谢使用! "<<endl;exit(0);break;
                }
        }
}
```

丁丁老师 "大牙,你编写的这个成绩管理系统真不错!功能很齐全,有点意思了,但是作为软件还不够完美。"

大牙 "对的,丁丁老师,这个系统的用户界面不太友好,我心目中的系统界面应该是这样的。"

 课后练一练

1. 以下程序的主函数调用了在其前面定义的 fun 函数:

```
#include<iostream>
```

```
using namespace std;
int main()
{
    double a[15],k;
    k=fun(a);
}
```

则以下选项中错误的 fun 函数首部是（   ）。

    A. `double fun(double a[15])`   B. `double fun(double *a)`

    C. `double fun(double a[ ])`   D. `double fun(double a)`

2. 数组反转是一个可以通过很多方法实现的操作，如果不借助辅助数组去对一个数组的数据进行反转，就只能在数组内部做数据交换。步骤为：对于每一个要反转的数组，首先确定中间点坐标，一般为数组长度的一半，然后按中间点坐标对称交换数组中的值。请你把下面的程序补充完整。

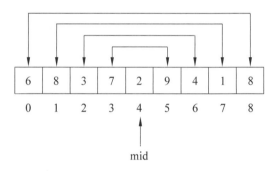

```
#include<iostream>
using namespace std;
void swap(int *a,int *b)
{
    int t;
    t=*a;
    _____①_____;
    *b=t;
}
void reverse(int a[],int len)
{
    int mid=_____②_____;
    for(int i=0;i<mid;i++)
        swap(&a[i],&a[len-i-1]);
```

```
}
int main()
{
    int a[10]={6,8,3,7,2,9,4,1,8};
    int len=9;
    reverse(_____③_____);
    for(int i=0;i<len;i++)
        cout<<a[i]<<' ';
    return 0;
}
```

3. 我们知道当某一个年份是平年时，这一年就有 365 天，如果是闰年，就有 366 天。也就是当这一年是闰年时，这一年的二月有 29 天，否则二月有 28 天。现在请你编写一个程序，当从键盘输入年、月、日时，通过调用函数判断这一天是本年的第几天。

满足下列条件之一的是闰年：

① 年份是 4 的整数倍，而且不是 100 的整数倍；

② 年份是 400 的整数倍。

第8单元

其他知识

"丁丁老师，你能不能把你上课用的 PPT、布置的作业以及答案发给我，我有空再复习！"

"可以呀！大宝真勤奋！可是这里面涉及很多文件，单个传送的话太麻烦了，我打个压缩包一块发给你吧！"

复习文件

```
{
    PPT；
    布置的作业；
    习题答案；
}
```

丁丁老师走到讲台上拿出一张纸，对大家说："同学们好，这是我们班的学生名单，哪个同学能够用 C++ 把这些数据表示出来？"

班级学生名单

学　号	姓　　名	性　　别	年　龄
1	大宝	男	12
2	大牙	男	12
3	小柯	女	12
⋮	⋮	⋮	⋮
30	壮壮	男	12

大宝 "老师，我能！学号是整型，名字是字符串，性别可以用字符型，年龄也可以用整型。"

```
int num;
string name;
char sex;
int age;
```

"老师，大宝的方法行不通，这种表示方法只能表示一个学生，全班可是有 30 个学生呢！"

"不就是 30 个学生嘛，多定义几个变量不就行了！"

```
int num1, num2, num3, …, num30;
string name1, name2, name3, …, name30;
char sex1, sex2, sex3, …, sex30;
int age1, age2, age3, …, age30;
```

"大宝的方法太笨了，这 30 个相同类型的变量不就是数组嘛，利用数组表示会简洁很多！"

```
int num[30];
string name[30];
char sex[30];
int age[30];
```

"原来还可以这样子，我把数组给忘了。"

"大牙的方法很好，利用以前的知识将我们班同学的信息非常方便地表示出来了。我今天要介绍一种新方法——利用结构体。"

```
struct Student{          // 声明一个结构体 Student
 int num;                // 声明一个整型变量 num
 string name;            // 声明一个字符串变量 name
 char sex;               // 声明一个字符型变量 sex
 int age;                // 声明一个整型变量 age
};
```

"什么是结构体啊？"

"结构体 (struct) 是由一系列具有相同类型或不同类型的数据构成的数据集合。从定义可以看出，结构体就是将一系列数据重新组成了一个新的数据集，这个数据集，用户可以自己起名字。"

"丁丁老师，是不是起名字的规则和变量起名字的规则是一致的啊？"

"大牙说的对！这里将四个变量重新组成了一个新的数据类型，取名为 Student。需要注意的是，结构体必须先声明结构体类型，再定义变量名。比如说，首先要定义数据集 Student，然后才能使用这个结构体 Student 来定义 stu 数组变量。"

"丁丁老师，那是不是定义完 Student 结构体之后，就可以定义结构体数组了？"

"大宝的反应很快，那么我们就可以写成 Student stu[30]。"

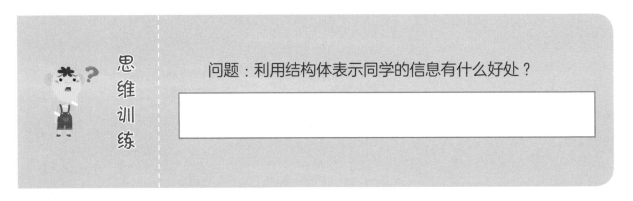

思维训练

问题：利用结构体表示同学的信息有什么好处？

案例： 利用结构体把班里一位同学的数据存储并输出。

```cpp
#include <iostream>
#include <iomanip>
using namespace std;
int main()
{
    struct Student{          // 声明一个结构体 Student
        int num;             // 声明一个整型变量 num
        string name;         // 声明一个字符串变量 name
        char sex;            // 声明一个字符型变量 sex
        int age;             // 声明一个整型变量 age
    };
    Student stu={1,"大宝",'m',12 };
    cout<<setw(3)<<stu.num;
    cout<<setw(8)<<stu.name;
    cout<<setw(3)<<stu.sex;
```

```
        cout<<setw(5)<<stu.age;
        return 0;
    }
```

丁丁老师 "结构体变量的初始化可以利用大括号加上逗号。由于结构体是一个集合型的结构，结构体变量中要访问集合的元素，要采用'.'区分层次关系，这个'.'叫成员运算符，它在所有的运算符中优先级最高。"

大牙 "原来还有这么多我们不知道的东西啊。"

丁丁老师 "是的，在 C++ 中，结构体中还可以包含函数，这样案例就可写得更加简单。"

```cpp
#include<iostream>
#include<iomanip>
using namespace std;
int main()
{
    struct Student{
        int num;
        string name;
        char sex;
        int age;
        void print(){
            cout<<setw(3)<<num<<setw(8)<<name
                <<setw(3)<<sex<<setw(5)<<age<<endl;
        }
    };
    Student stu={1," 大宝 ",'m',12};
    stu.print();
    return 0;
}
```

丁丁老师 "你们看，函数写在结构体里面，也成为了结构体的一员，所以称为成员函数。在定义结构体内部的函数时，可以直接输出变量，而不用带变量的名称，可以简

化书写。比如原来的 stu.num 现在直接写成 num 了。"

丁丁老师想知道每位同学的生日信息，她又在信息表中增加了一列"生日"。现在要统计的表格变成了这样。

班级学生名单

学　号	姓　名	性　别	年　龄	生　日
1	大宝	男	12	8月1日
2	大牙	男	12	2月13日
3	小柯	女	12	7月8日
⋮	⋮	⋮	⋮	⋮
30	壮壮	男	12	12月30日

```
#include<iostream>
#include<iomanip>
using namespace std;
 struct Date{
  int month;
  int day;
 };
 struct Student{
  int num;
  string name;
  char sex;
  int age;
  Date birthday;
  void print(){
    cout<<setw(3)<<num;
    cout<<setw(8)<<name;
    cout<<setw(3)<<sex;
    cout<<setw(5)<<age;
    cout<<setw(5)<<birthday.month<<" 月 "<<birthday.day<<" 日 ";
  }
```

```
};
int main()
{
    Student stu={1,"大宝",'m',12,{10,1}};
    stu.print();
    return 0;
}
```

 "原来结构体里还可以包含结构体啊！"

"是的，大宝。结构体里面的变量也可以是结构体类型。结构体的声明是一个独立的部分，不仅可以放在 main 函数里面，还可以放在 main 函数外面。"

课后练一练

1. 提出"程序＝数据结构＋算法"公式的科学家是（　　）。

   A.尼古拉斯·沃斯　　　　　　　B.查尔斯·巴比奇

   C.冯·诺依曼　　　　　　　　　D.艾伦·麦席森·图灵

2. 阅读程序后做练习。

```
#include<iostream>
#include<iomanip>
using namespace std;
int main()
{
    struct Student{
        int num;
        string name;
        char sex;
        int age;
        void input(){
            cin>>num>>name>>sex>>age;
        }
```

```
        void print(){
            cout<<setw(3)<<num<<setw(8)<<name<<setw(3);
            if(sex=='m')
                cout<<" 男 ";
            else
                cout<<" 女 ";
            cout<<setw(5)<<age<<endl;
        }
    };
    Student stu;
    stu.input();
    stu.print();
    return 0;
}
```

（1）判断题。将 print( ) 定义体移到 main 函数外，程序结果不会改变。（　　　）

（2）选择题。输入"3 小柯 f 12"，输出为（　　　）

    A. 3 小柯 f 12　　　B. 3 小柯 女 12　　　C. 3 小柯 男 12　　　D. 无输出

3. 期中考试结束了，丁丁老师想看一下考试成绩，信息表格式如下。请大家帮丁丁老师把程序补充完整，使程序能够运行出信息表的结果。

班级期中考试成绩表

学　号	姓　名	语　文	数　学	英　语	平均成绩
1	大宝	92	95	96	94.3
2	大牙	90	91	93	91.3
3	小柯	94	96	92	94
⋮	⋮	⋮	⋮	⋮	⋮
30	壮壮	86	89	90	88.3

注：平均成绩是根据已有的语、数、英成绩计算出来的。

```cpp
#include<iostream>
#include<iomanip>
using namespace std;
 struct Student{
   int num;
   string name;
   int score[3];
   float average;
   void print(){
     cout<<setw(3)<<num;
     cout<<setw(8)<<name;
     for(int i=0;i<3;i++)
         cout<<setw(3)<<score[i];
     cout<<setw(5)<<average<<endl;
   }
};
int main()
{
    Student stu[31];
    int i;
    float tmp;
   for(i=1;i<=3;i++)
   {
            _____(1)_____;
            cout<<" 请输入第 "<<i<<" 号同学的姓名以及语数英成绩: ";
            cin>>stu[i].name;
            cin>>stu[i].score[0]>>stu[i].score[1]>>stu[i].
score[2];
            tmp=_____(2)____;
            stu[i].average=txmp;
   }
   for(i=1;i<=3;i++)
```

```
            stu[i].print();
    return 0;
}
```

4. 在学生信息中设计结构体增加学生地址，地址信息主要包括家庭住址、邮政编码和手机号码。请你利用输入 / 输出语句实现 "大牙" 信息的输出。

输入 / 输出示例：

输入：

大牙

输出：

1 大牙　m　12　　江苏盐城长亭路阳光水岸 224002 18905150515

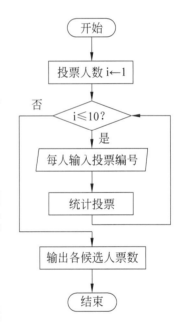

第 52 课　活动小组投票

"班级成立了一个机器人活动小组，一共有 10 名同学参加。没有带头人怎么行，现在要推选一名小组长，有哪位同学想报名？"

"我我我，我要当小组长，我编程能力很好的。"

"我也要，我也要，我做事最细心了。"

"我经常玩机器人，应该让我来当小组长。"

"看来大家都想为这个小组尽一份力量啊！那好，我们就采取投票的方式，由大家来决定谁来当小组长吧。哪个同学可以编写一个程序，来实现这个投票的过程呢？"

"实现投票的程序？该怎么写呢？"

"大宝，这还不简单！我们可以用循环来实现不同的人的投票过程，每次输入一个数字，代表当前这个人要投票的候选人编号，并且用数组将当前候选人的所得票数统计出来。整个投票流程可以参考右边的流程图。"

"那该如何将每个候选人的编号、姓名和票数相关联呢？"

"可以定义一个关于候选人的结构体啊，候选人的信息主要包括编号、姓名和票数，这 3 个信息组合在一起，就构成了候选人的数据结构。"

```
struct Candidate {
    int num;  // 候选人的编号
    string name;       // 候选人的姓名
```

329

```
    int count;            // 候选人的票数
};
```

大宝 "那么可以用候选人结构体来创建数组,这样就能实现在投票的过程和最后的得票结果中将每个候选人的编号、姓名和票数联系起来了!"

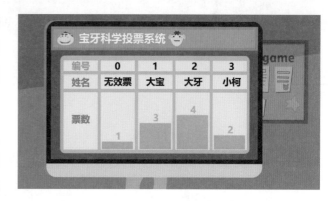

丁丁老师 "大宝总结得很好!那么老师给大家完整地总结一下。现在有 3 个候选人,大宝、大牙和小柯,分别编号为 1 号、2 号和 3 号,最终只能有一个人当选小组长。关键是如何进行统计投票。在投票过程中,除了候选人 1、2、3 号外,可能还会存在投其他编号的同学存在,这里将投 1、2、3 号之外的统一归并为无效票。所以,定义候选人数组时,定义数组大小为 4,初始化数组信息如下。"

编　号	0	1	2	3
姓　名	无效票	大宝	大牙	小柯
票　数	0	0	0	0

丁丁老师 "在统计投票时,由于投票的编号和候选人编号一一对应,所以这里利用了这种对应关系来简化统计投票。"

```
if ( 投票号 >=1&& 投票号 <=3)
    c[ 投票号 ].count++;
else
    c[0].count++;
```

案例: 当前有 3 个同学作为候选人,一共有 10 个人参加投票,从键盘先后输入这 10 个人所投的候选人的编号,要求最后输出这 3 个候选人的得票结果。

完整程序代码如下:
```
#include<iostream>
```

```cpp
using namespace std;
struct Candidate {
    int num;                    // 候选人的编号
    string name;                // 候选人的姓名
    int count;                  // 候选人的票数
};
int main(){
     Candidate c[4]={{0,"无效票",0},{1,"大宝",0},{2,"大牙",0},{3,
"小柯",0}};
     // 定义数组
     int i,cnum;
     cout<<"请输入候选人编号：大宝（1）大牙（2）小柯（3）其他无效"<<endl;
    for(i=1;i<=10;i++){
    // 循环输入 10 个人投出的候选人的编号
        cout<<"第 "<<i<<" 人的投票为  :";
        cin>>cnum;
        if(cnum>=1&&cnum<=3)
            c[cnum].count++;
        else
            c[0].count++;
    }
    cout<<"投票结果: "<<endl;
    for(i=0;i<=3;i++)
        cout<<c[i].name<<":"<<c[i].count<<endl;
    return 0;
}
```

丁丁老师 "在实际编程过程中，很多程序员不喜欢使用结构体。我们首先来分析一下结构体的数据。在结构体的 3 个数据中，编号信息可以直接利用数组下标代替；姓名信息在程序中仅仅起到标注人员信息的作用，可以删除；票数信息才是核心的数据信息。所以结构体信息可以简化成一个票数信息。"

编号	0	1	2	3
姓名	无效票	大宝	大牙	小柯
票数	0	0	0	0

程序简化如下：

```cpp
#include<iostream>
using namespace std;
int main(){
    int count[4]={0,0,0,0};
    int i,cnum;
    cout<<" 请输入候选人编号：大宝（1）大牙（2）小柯（3）\n";
    for(i=0;i<10;i++){
        cout<<" 第 "<<i+1<<" 人的投票为 :";
        cin>>cnum;
        if(cnum>=1&&cnum<=3)
            count[cnum]++;
        else
            count[0]++;
    }
    cout<<endl;
    for(i=0;i<=3;i++){
        cout<<i<<":"<<count[i]<<endl;
    }
    return 0;
}
```

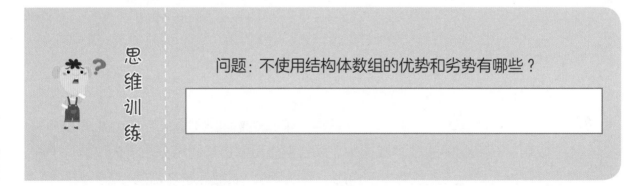

思维训练

问题：不使用结构体数组的优势和劣势有哪些？

 课后练一练

1. 评价算法优劣的两个重要指标是（　　　　）。

A. 行数和字数　　　　　　　　　　B. 空间复杂度和时间复杂度

C. 执行效率和执行代价　　　　　　D. 认可度和普及率

2. 请你阅读下面的程序并回答问题。

```cpp
#include<iostream>
using namespace std;
int main()
{
    struct Student
    {
        int number;
        string name;
        char sex;
        int age;
    };

    // 定义数组的同时，对数组前 3 个元素（结构体）进行初始化
    Student stu[3]={{32601,"Zhang",'m',21},
                    {32602,"Li",'f',20},
                    {32603,"Liu",'m',22}};
    int n=stu[1].number;
    n=n%100;
    cout<<stu[n-1].name;
    return 0;
}
```

（1）判断题。将 student stu[3] 的定义改成 student stu[4]，程序的运行结果不会发生改变。（　　）。

（2）选择题。本题的输出结果为（　　）。

A. Zhang　　　　　　B. Li　　　　　　C. Liu　　　　　　D. 无输出

3. 宝牙编程学院有 32 名教师，马上要过教师节了，院长请丁丁老师编写了一个程序，定义一个存放职工信息的结构体类型，职工信息包括职工姓名、工作年限、工资总额，给工作年限超过 30 年的职工每人加 500 元工资，要求分别输出工资变化之前和之后的

所有职工的信息。请你帮丁丁老师把程序补充完整。

```cpp
#include<iostream>
using namespace std;
const_____(1)_____;
struct Teacher
{
    string name;
    int year;
    int salary;
};
int main()
{
    Teacher t[NUM];
    int i;
    for(i=0;i<NUM;i++)
        cin>>t[i].name>>t[i].year>>t[i].salary;
    cout<<" 原始工资 \n";
    cout<<" 姓名      年限      工资 \n";
    for(i=0;i<NUM;i++)
        cout<<t[i].name<<" "<<t[i].year<<" "<<t[i].salary<<endl;
    for(i=0;i<NUM;i++)
    {
        if(t[i].year>=30)
            _____(2)_____;
    }
    cout<<" 加薪后工资 \n";
    cout<<" 姓名      年限      工资 \n";
    for(i=0;i<NUM;i++)

        cout<<t[i].name<<" "<<t[i].year<<"  "<<t[i].salary<<endl;
    return 0;
}
```

4. 输入大宝、大牙等 5 名同学的学号、姓名和出生年月信息，输出年龄最小的那位同学的学号、姓名及出生日期。

输入 / 输出示例:

输入:

```
1  大宝   2012  1  8
2  大牙   2012  2  13
3  小柯   2012  7  8
4  木木   2012  2  29
5  星星   2012  2  28
```

输出:

年龄最小的是:

```
3  小柯  2012  7  8
```

第53课　身高排行榜

"丁丁老师，新学期开始了，班里好几个同学都想换座位，因为有些同学在过去的一个学期中长高了很多。"

"是啊，丁丁老师，我坐在大牙后面已经看不到黑板了。"

"那么大牙，你可以编写一个程序把全班同学按身高排个序，然后按身高排座位吗？"

"好的，丁丁老师，让我来试试！"

"大牙，排序你也会啊？那可是很难的！"

"大宝，排序算法可多了，并不是所有的排序算法都很难。"

"那都有哪些排序的算法呢？丁丁老师。"

"排序是数据处理的常用算法，当前常用的排序算法有冒泡排序、选择排序、插入排序、归并排序、快速排序等。"

"冒泡排序我知道,那选择排序的原理是什么呢?"

"选择排序的工作原理是每一次都从待排序的数据元素中选出最小(或最大)的一个元素,存放在序列的起始位置,然后再从剩余未排序的元素中继续寻找最小(大)的元素放到已排序序列的末尾。以此类推,直到全部待排序的数据元素都排完。"

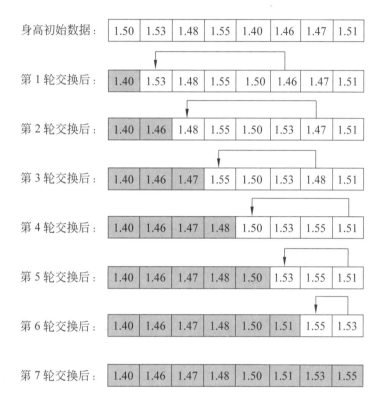

身高初始数据: | 1.50 | 1.53 | 1.48 | 1.55 | 1.40 | 1.46 | 1.47 | 1.51 |

第 1 轮交换后: | 1.40 | 1.53 | 1.48 | 1.55 | 1.50 | 1.46 | 1.47 | 1.51 |

第 2 轮交换后: | 1.40 | 1.46 | 1.48 | 1.55 | 1.50 | 1.53 | 1.47 | 1.51 |

第 3 轮交换后: | 1.40 | 1.46 | 1.47 | 1.55 | 1.50 | 1.53 | 1.48 | 1.51 |

第 4 轮交换后: | 1.40 | 1.46 | 1.47 | 1.48 | 1.50 | 1.53 | 1.55 | 1.51 |

第 5 轮交换后: | 1.40 | 1.46 | 1.47 | 1.48 | 1.50 | 1.53 | 1.55 | 1.51 |

第 6 轮交换后: | 1.40 | 1.46 | 1.47 | 1.48 | 1.50 | 1.51 | 1.55 | 1.53 |

第 7 轮交换后: | 1.40 | 1.46 | 1.47 | 1.48 | 1.50 | 1.51 | 1.53 | 1.55 |

案例: 输入 n 个同学的信息,包括姓名、性别、身高。将这 n 个同学的信息利用选择排序算法按身高由高到低的顺序输出。

```cpp
#include<iostream>
using namespace std;
struct Student{
    string name;
    char sex;
    float height;
};
Student stu[30];
int main()
```

```
{
    int i,j,k,n;
    Student temp;
    cin>>n;
    for(i=0;i<n;i++)
        cin>>stu[i].name>>stu[i].sex>>stu[i].height;

    for(i=0;i<n;i++)
    {
        k=i;                         // 记录要交换的位置
        for(j=i+1;j<n;j++)
            if(stu[j].height<stu[k].height)
                k=j;                 // 找出最小的那个数
        temp=stu[i];                 // 交换
        stu[i]=stu[k];
        stu[k]=temp;
    }
    for(i=0;i<n;i++)
        cout<<stu[i].name<<" "<<stu[i].sex<<" "<<stu[i].
height<<endl;
    return 0;
}
```

丁丁老师 "其实除了选择排序，还有一种更简便的方法，那就是利用标准库中的排序函数 sort( )，它可以快速实现排序程序。"

定义：sort( ) 函数使用模板：sort(start,end, 排序方法)；

参数 1：start 是要排序的数组的起始地址。

参数 2：end 是结束地址（最后一位要排序的地址的后一位）。

左闭区间右开区间 [start,end)

参数 3：排序方法，可以是从大到小，也可以是从小到大，还可以不写第三个参数，此时默认的排序方法是从小到大排序。

注意： sort( ) 函数包含在头文件为 #include<algorithm> 的 C++ 标准库中。

```
#include<iostream>
#include<algorithm>
using namespace std;
struct Student{
    string name;
    string sex;
    int height;
};
Student stu[30];
int main()
{
    int n;
    cin>>n;
    for(int i=0;i<n;i++)
        cin>>stu[i].name>>stu[i].sex>>stu[i].height;
    sort(stu,stu+n);
    for(int i=0;i<n;i++)
        cout<<stu[i].name<<" "<<stu[i].sex<<" "<<stu[i].
height<<endl;
    return 0;
}
```

思
维
训
练

问题：既然有了 sort( ) 排序函数的简单方法，为什么我
们还要弄懂选择排序的原理呢？

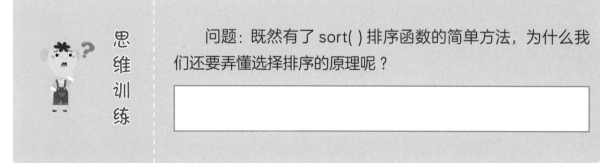

"丁丁老师，这个程序不对啊，连编译都无法通过，该怎么办啊？"

"让我看看，因为当 sort( ) 函数对数组进行排序时会直接对数组中的两两

元素进行比较，而结构体数组中的元素都是一个个结构体，当对结构体进行比较时，由于结构体中包含多个属性，因此计算机不知道用户要比较的到底是哪个属性，所以就会出错啦！"

"那怎么改呀？"

"C++ 提供了运算符重载，也就是可以重新定义运算符，让运算符能够实现结构体和自定义数据类型的运算。这里要比较两位同学的身高，也就是'<'符号，但 C++ 没有实现直接对结构体的小于运算，这里需要对结构体的小于运算符'<'进行重新定义。定义之后，就可以利用小于运算符实现结构体的小于运算了。"

运算符重载的一般格式：

类型名 operator 运算符（const 类型名 变量）const{…}

定义两个结构体变量: student s1，s2;

求两个学生身高的高低，即求 s1<s2，但该式子是不成立的

利用运算符重载定义: bool operator< (const student s2)const

重新定义 student 的小于运算后，就可以直接使用 s1<s2 了

```cpp
#include<iostream>
#include<algorithm>
using namespace std;
struct Student{
    string name;
    string sex;
    int height;
    bool operator <(const Student s)const
    {
        return height<s.height;
    }
};
Student stu[30];
```

```
int main()
{
    int n;
    cin>>n;
    for(int i=0;i<n;i++)
        cin>>stu[i].name>>stu[i].sex>>stu[i].height;
    sort(stu,stu+n);
    for(int i=0;i<n;i++)
        cout<<stu[i].name<<" "<<stu[i].sex<<" "<<stu[i].
height<<endl;
    return 0;
}
```

课后练一练

1. 利用选择排序对 5 个不同的数据进行排序，至多需要比较（　　）次。

　A. 8　　　　　　　　B. 9　　　　　　　　C. 10　　　　　　　　D. 25

2. 请你阅读程序并写出运行结果。

```
#include<iostream>
#include<algorithm>
using namespace std;
int main()
{
    int i;
    int a[10];
    for(i=0;i<10;i++)
        cin>>a[i];
    sort(a,a+10);
    for(i=0;i<10;i++)
        cout<<a[i]<<" ";
    cout<<endl;
```

```
    return 0;
}
```

输入：3 2 5 7 9 11 8 6 21 26

输出：_____。

3. 在宝牙编程学院的一次考试中，每个学生的成绩都不相同，现在丁丁老师想知道考第 k 名的学生的学号和成绩。

要求输入两个整数，分别是学生的人数 n（1≤n≤100）和第 k 名学生的 k（1≤k≤n）。其后有 n 行数据，每行包括一个学号（整数）和一个成绩（浮点数），中间用一个空格分隔。输出第 k 名学生的学号和成绩，中间用空格分隔。请你把下面的程序补充完整。

```cpp
#include<iostream>
#include<algorithm>
using namespace std;
struct node{
    int id;
    float score;
};
bool cmp(node a,node b){
    return_____(1)_____;
}
int main(){
    int n,k;
    node a[101];
    cin>>n>>k;
    for(int i=0;i<n;++i)
        cin>>a[i].id>>a[i].score;
    sort(a,a+n,cmp);
    cout<<_____(2)_____;
    return 0;
}
```

4. 编程成绩出来了，丁丁老师想知道每个同学的排名情况。请你帮助丁丁老师编写一个程序。

输入：首先输入一个数 n（n≤30），代表班里的人数，然后依次输入这 n 个同学的学号、姓名和编程成绩。

输出：按成绩降序输出这 n 个同学的排名。

输入 / 输出示例：

输入：

```
5
190101 大宝 89
190102 大牙 85
190103 小柯 93
190104 木木 83
190105 星星 92
```

输出：

```
190103 小柯 93
190105 星星 92
190101 大宝 89
190102 大牙 85
190104 木木 83
```

"丁丁老师，我最近学习很紧张，总是没有时间去锻炼身体，感觉自己的身体没有以前好了。"

"大宝，你可以根据自己的实际情况为自己设计一个锻炼计划。"

"我准备每天户外锻炼2小时，因为人的体力都是有限的，所以如果长时间进行剧烈运动，可能会因为运动过度而受伤，但是一直进行不剧烈的运动又起不到锻炼的效果，那如何才能制订一个好的训练计划呢？"

"好的训练计划肯定是有张有弛的。既不能体能消耗过大，又不能太轻松。我觉得可以设计一个程序，来测试一下自己的训练计划是否可行。"

"程序该怎么设计呢？"

"假设你的初始体能为100，体能每分钟会自动恢复1，那么你需要解决

的就是自己设计的训练计划是否可行。首先要知道每分钟你要消耗的体能，就需要构建一个大小为 120 的数组，用来记录每分钟要消耗的体能，要保证每分钟的体能值都要大于 0。下面我们以 30 分钟的训练计划为例，说明训练的体能消耗，方格中的数值为每分钟的体力消耗值。下图是两种训练计划，上面是合理的训练方式，下面是不合理的训练方式。"

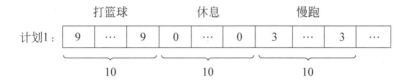

打篮球后的剩余体能值：总体能 － 消耗的体能 + 恢复的体能 =100-9×10+10=20。
休息后的体能值：总体能 － 消耗的体能 + 恢复的体能 =20-0×10+10=30。
慢跑后的体能值：总体能 － 消耗的体能 + 恢复的体能 =30-3×10+10=10。

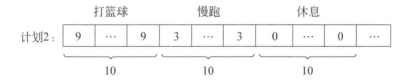

打篮球后的剩余体能值：总体能 － 消耗的体能 + 恢复的体能 =100-9×10+10=20。
慢跑后的体能值：总体能 － 消耗的体能 + 恢复的体能 =20-3×10+10=0。

总结：计划 1 前 30 分钟比较合理，让大宝始终保持体力值 >0。
　　　计划 2 前 30 分钟不合理，大宝慢跑后体力不支了。

案例： 依次输入 m 个锻炼项目内容，项目内容包括开始时间、结束时间和每分钟耗费的体能，输出该训练计划是否可行。

```cpp
#include<iostream>
#include<algorithm>
const int plantime=120;
using namespace std;
int st=100,m;
struct Plan{
    string name;
```

```cpp
    int begin,end,use;
}plan;
int fg[120];

int main()
{
    cin>>m;                                  // 项目个数
    for(int i=1;i<=m;i++)
    {
        cin>>plan.name;
        cin>>plan.begin>>plan.end>>plan.use;
        for(int j=plan.begin;j<=plan.end;j++)
            fg[j]=plan.use;                  // 将体能值映射到每分钟的数组上
    }
    for(int i=1;i<=plantime;i++)
    {
        st++;// 每分钟体能恢复
        if(fg[i]>0)
            st-=fg[i];                       // 每分钟体能消耗
        if(st<=0)
        {
            cout<<" 体能透支了! 这个锻炼计划不可行! "<<endl;
            return 0;
        }
    }
    cout<<" 这个锻炼计划可行! "<<endl;
}
```

"上述题目是按照分钟来进行模拟的，如果分钟数比较多，那么程序就会变得很慢。如果我们对开始时间的大小进行关键字排序，那么就把整天的计划全部映射在了一个数轴上，我们不关心具体的分钟，只关心项目，这样就实现了对数据的离散，然后再对项目进行扫描，就可以实现程序的简化了。"

打篮球	休息	慢跑	
计划： 9×10=90	0×10=0	3×10=30	...
10分钟	10分钟	10分钟	

打篮球后的剩余体能值：总体能 − 消耗的体能 + 恢复的体能 =100-90+10=20 。

休息后的体能值：总体能 − 消耗的体能 + 恢复的体能 =20-0+10=30 。

慢跑后的体能值：总体能 − 消耗的体能 + 恢复的体能 =30-30+10=10 。

```cpp
#include<iostream>
#include<algorithm>
using namespace std;
int st=100,m,sm[20];              // 假设大宝的训练项目不超过 20 个
struct Plan{
    string name;
    int begin,end,use;
}plan[20];
bool cmp(Plan x,Plan y)
{
    return x.begin<y.begin;
}
int main()
{
    int i;
    cin>>m;
    for(i=1;i<=m;i++)
    {
        cin>>plan[i].name;
        cin>>plan[i].begin>>plan[i].end>>plan[i].use;
        // 计算每个项目消耗的总体能值
        sm[i]+=plan[i].use*(plan[i].end-plan[i].begin+1);
    }
    sort(plan+1,plan+m+1,cmp);     // 对每个项目依据开始时间进行排序
    for(int k=1;k<=m;k++)
    {
```

```
//st 为体能初始值,plan[k].end 为体能恢复值,sm[k] 为体能消耗值
if((st+plan[k].end-sm[k])<=0)
{
        cout<<" 体能透支了！这个锻炼计划不可行！"<<endl;
        return 0;
    }
}
cout<<" 这个锻炼计划可行！"<<endl;
}
```

思维训练

问题: 时间复杂度是评价一个算法优劣的重要标准, 该怎么对比上述两个程序的时间复杂度呢?

课后练一练

1. 基于比较排序的时间复杂度的下限是（　　　　），其中 n 表示待排序的元素个数。

    A. $O(n)$ B. $O(n^2)$ C. $O(n \log n)$ D. $O(1)$

2. 请你阅读下面的程序并写出运行结果。

```cpp
#include<iostream>
#include<algorithm>
using namespace std;
struct student{
    string name;
    int score;
};
student a[100];
int n;
```

```
bool cmp(student x,student y)
{
    return x.score>y.score;
}
int main()
{
    cin>>n;
    for(int i=0;i<n;i++)
    {
        cin>>a[i].name>>a[i].score;
    }
    sort(a,a+n,cmp);
    cout<<a[0].name<<endl;
    return 0;
}
```

输入：3

大宝 90

大牙 95

小柯 76

输出：_____。

3. 期末考试就要开始了，每个学生都有 3 门课的成绩：语文、数学、英语。现在要选出总分排名前 5 位的同学给予奖励，排名的顺序是：先按总分从高到低排序，如果两个同学的总分相同,再按语文成绩从高到低排序,如果两个同学的总分和语文成绩都相同,就把学号小的同学排在前面。

程序首先输入一个正整数 n，表示该校参加评选的学生人数，然后输入 n 个同学的语文、数学和英语成绩，最后依次输出前 5 名学生的学号和总分。请你把下面的程序补充完整。

```
#include<algorithm>
#include<iostream>
using namespace std;
struct hp{
```

```
        int sum;
        int num;
        int Chinese;
        int math;
        int English;
}a[30];
int n;
int cmp(hp a,hp b){
        return(a.sum>b.sum||a.sum==b.sum&&a.Chinese>b.
Chinese||____(1)____);
}
int main(){
        cin>>n;
        for(int i=1;i<=n;++i){
                cin>>a[i].Chinese>>a[i].math>>a[i].English;
                a[i].num=i;
                        _____(2)_____;
        }
        sort(a+1,a+n+1,cmp);
        for(int i=1;i<=5;++i)
                cout<<a[i].num<<" "<<a[i].sum<<endl;
}
```

4. 一个 Windows 窗口有 4 个整数定义的位置：左边、右边、上边和下边的坐标。现在输入两个窗口的位置信息，请你判断它们的位置是否重叠。

输入：两个窗口的位置坐标。

输出：True 或 False。

输入 / 输出示例：

输入：

```
0 50 0 80
30 120 50 130
```

输出：

```
True
```

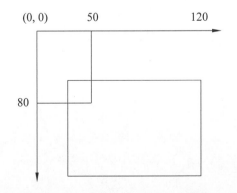

住在201的大宝出来一下。

 大宝 "丁丁老师，我今天刚买了一台新计算机，上面显示的主要参数是这样，您帮我看看这台计算机怎么样？"

内存容量：16GB

屏幕尺寸：14.0–14.9英寸

处理器：Intel i5

屏幕比例：16:9

固态硬盘（SSD）：512GB

丁丁老师 "这台计算机的内存容量挺大的，速度应该很快！"

大宝 "内存大，为什么速度就快呢？"

丁丁老师 "因为内存中的数据是可以直接被 CPU 访问的，内存越大，CPU 可以直接访问的数据量就越大。"

"哦，那 CPU 是如何访问内存数据的？"

"CPU 是根据内存地址来访问内存数据的，这个访问方式类似于旅馆中的访问客人。比如大宝住在 201，大牙住在 202，现在旅馆的前台要找你，该怎么办呢？"

"那当然是到 201 来找我了！"

"对的，201 就是地址，想找你就需要按照地址来找。"

"哦，我知道了！内存中也应该有地址，查找数据就按照内存地址来找就行了！"

"对的。比如要访问变量 ch,只需要到地址 2000 中把数据取出来就行了。"

地址	内存	变量	数据	数据类型
2000	1 字节	ch	'a'	char
2001	1 字节	a	25	int
2002	1 字节			
2003	1 字节			
2004	1 字节			
2005	1 字节	f	0.1	float
2006	1 字节			
2007	1 字节			
2008	1 字节			
...	...	...	...	...

"那程序是如何知道地址 2000 的呢？"

"这就需要一种新的数据类型了，那就是指针变量。指针变量是专门存放地址的变量，声明的时候，在它的前面加上'*'就可以使用了。"

案例 1: 指针变量。

```cpp
#include<iostream>
using namespace std;
int main()
{
    int a,*p;
    a=25;
```

```
        p=&a;
        cout<<p<<" 地址存放的数据是: "<<*p<<endl;
        return 0;
    }
```

丁丁老师 "这里定义了一个整数型指针类型的变量 p，p 指针可以指向任何整数的地址，这里的 &a 就代表整数类型变量 a 的地址。cout 语句中的 p 就代表变量 a 的地址，*p 则代表指针 p 所指向的数据，也就是变量 a。"

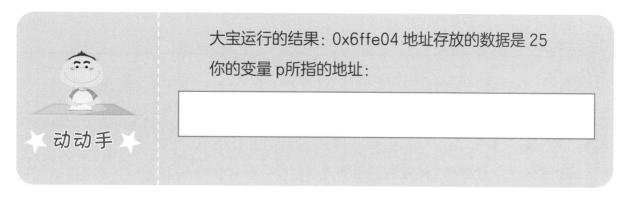

大宝运行的结果: 0x6ffe04 地址存放的数据是 25

你的变量 p所指的地址：

动动手

大宝 "丁丁老师，这个指针变量怎么显示的是 0x6ffe04 啊？这个数据感觉挺奇怪的。"

丁丁老师 "这是一个十六进制数。我们知道，计算机是采用二进制表示的，但是二进制有一个缺点，那就是表示的数据太长了，所以科学家就提出了十六进制，1 位十六进制数对应 4 位二进制数，具体对应如下。十六进制需要 16 个数，这里除了 0~9，还有 A~F，分别代表 10~15，正是有了这些字母作为数字，才让十六进制数看上去很奇怪。"

二进制	十六进制	二进制	十六进制	二进制	十六进制	二进制	十六进制
0000	0	0100	4	1000	8	1100	C
0001	1	0101	5	1001	9	1101	D
0010	2	0110	6	1010	A	1110	E
0011	3	0111	7	1011	B	1111	F

 大宝 "您是怎么知道这是一个十六进制数的？"

"哦，十六进制数以数字 0 和字母 x 的组合 0x 或 0X 开头。"

"原来是这样。这个程序还有一个地方我不太明白，就是'*'，刚才听您说，定义和使用的时候，'*'的作用好像不一样了。"

"对的，'*'是指针操作符。在定义变量时，'*p'代表将变量 p 定义为指针类型；在使用变量时，'*p'代表指针变量 p 中存放的地址所指向的内存单元。普通变量和指针变量的对应关系如下，你看一下就明白了。"

含　义	普通变量 int a	指针变量 int *p	举　例
地址（指针）	&a	p	2001
变量（数据）	a	*p	25
赋值操作	a=10	*p=10	

"既然指针 p 可以用变量地址 &a 代替，那为什么还要定义指针呢？"

"大宝这个问题问的特别好，变量地址 &a 是常量，不能对这个数据进行赋值、加、减等操作，而指针 p 则是变量，可以对它进行赋值、加、减等操作，这就使有些编程变得特别方便，比如数组的操作。"

案例 2： 用指针求全班同学成绩的平均值。

```cpp
#include<iostream>
using namespace std;
int main()
{
    int n,a[100],*p;
    double sum=0,ave=0;
    cout<<" 请输入同学人数: "<<endl;
    cin>>n;
    for(p=a;p<(a+n);p++)
    {
        cin>>*p;
        sum+=*p;
    }
    ave=sum/n;
    cout<<a
```

```
        return 0;
    }
```

"丁丁老师，我越来越看不懂您写的程序了，为什么要把数组的名称 a 赋值给指针变量 p 呢？"

"数组名代表数组首元素的地址，所以 a 与 &a[0] 是等价的。如果指针变量 p 已指向数组中的一个元素，则 p+1 指向同一数组中的下一个元素。需要注意的是，数组名 a 是数组首地址，不是指针变量，虽然它们都代表地址，但是指针变量可以改变值，而地址是不可以像变量一样改变值的，比如 a++ 是非法的。"

课后练一练

1. 假设有定义语句"int x=8,*p=x;"，则下列表达式中值为 8 的是（   ）。

   A. &x   B. *p   C. &p   D. p

2. 请你阅读下面的程序并写出运行结果。

程序变量跟踪表

```
#include<iostream>
using namespace std;
int main()
{
    char ch,*p;
    ch='a';
    p=&ch;
    (*p)++;
    cout<<ch<<endl;
    return 0;
}
```

ch	*p

输出：_____。

3. 大宝的班级每年都要对编程课进行期末测试，请你补充下面的程序，帮助大宝算一算班级总分。

```
#include<iostream>
using namespace std;
int main()
{
    int a[100],i,n,sum,_____(1)_____;
    sum=0;
    cout<<" 请输入同学人数："<<endl;
    for(i=0;i<n;i++)
        cin>>a[i];
    for(p=a;p<(a+n);p++)
        _____(2)_____;
    cout<<sum<<endl;
    return 0;
}
```

4. 请你使用指针思想实现函数调用，将两个变量的值交换。

第56课　逻辑运算

🙂 _{大宝}"丁丁老师，我们一起玩一个游戏吧！"

🙂 _{丁丁老师}"好呀！玩什么游戏呢？"

🙂 _{大宝}"这个游戏叫作《找出说谎者》。这个游戏需要5个人参与，我、大牙、小柯和木木四个人，每人发一张卡片，卡片上有三张'说真话'和一张'说假话'，拿到说真话的同学必须说真话，拿到说假话的同学必须说假话，丁丁老师您来判断，我们四个人中谁说了假话。"

🙂 _{丁丁老师}"哦，那太有意思了。不过根本判断不出哪个人说的是假话呀？"

🙂 _{大宝}"规则还有呢！今天的主题是'有同学迟到了'，我们先玩一圈儿，您就会了，下面开始。"

🙂 _{丁丁老师}"好的。"

357

大宝 "今天迟到的人不是我。"

大牙 "今天迟到的人是小柯。"

小柯 "今天迟到的人是木木。"

木木 "小柯在说谎。"

大宝 "丁丁老师，三个人说真话，一个人说假话，你知道谁是迟到的那个同学吗？"

丁丁老师 "我来试试。每个人都有说真话和说假话两种情况，我们可以采取假设的方法。"

大宝 "假设？该如何假设呢？"

丁丁老师 "大宝，我们先假设你是迟到的同学。这样大宝说自己不是迟到的同学这句话就是假话。再看其他同学，大牙说迟到的同学是小柯，这与大宝迟到相违背，所以大牙说的也是假话，这就违背了我们事先规定的只有一句假话的规则，所以大宝不是迟到的那个同学。"

大宝 "丁丁老师好厉害，那迟到的是不是大牙呢？"

丁丁老师 "那么现在我们假设大牙是迟到的同学。大牙说小柯是迟到的同学这句话就是假话。再看大宝，这时候大宝说的是对的。而小柯说迟到的同学是木木，这句话也是错误的。有了两个人说假话，所以大牙也不是迟到的那个同学。"

大牙 "对！不愧是丁丁老师。"

丁丁老师 "下面我们假设迟到的同学是小柯。那么，小柯说迟到的同学是木木这句话就假话。这时，我们发现除了小柯说的话之外，其他三位同学说的话都是真话，这就满足了规则——四句话中有三句真话、一句假话。所以不难看出，迟到的同学就是小柯。"

小柯 "果然被丁丁老师发现了。"

木木 "丁丁老师，那我就一定不是迟到的同学了吗？"

丁丁老师 "为了确保万无一失，我们不妨进行第四次假设。这次，我们假设木木是迟到的同学，那么小柯说木木是迟到的同学这句话就是真话，而木木说小柯说谎这句话就是假话。但是我们可以发现，大牙却说迟到的同学是小柯，这句话就和我们的假设产生了矛盾，所以木木也不是迟到的那个同学。"

"丁丁老师真厉害，刚才我玩了好长时间都找不出来，被您这么一分析，这个问题并不复杂。"

"不管多么复杂的问题，只要我们认真分析，弄清思路，就能找到解决问题的方法。"

"那这个游戏要是增加了人数，比如说增加到100个人，还是按照这个思路来吗？"

"大宝，不管是多少人，我们要做的事情只有两个，那就是假设某一个人是迟到的同学，并且判断所有同学的话，只要找到某一个同学满足假设——所有同学的话中只有一句假话，其他都是真话，那么这个人就一定是迟到的同学。不过人数多的话，一 一假设太复杂了，可以编写一个程序来自动判断。"

"这个怎么编写程序呢？"

"这个是逻辑运算。就拿四个人A、B、C、D来举例，假设某个同学说了真话是1，说了假话是0，那么A、B、C、D四个同学说的话加起来就是1+1+1+0=3。"

对A、B、C、D四个同学进行一 一假设，如果某一次四个同学说的话加起来的值等于3，那么我们就找到了迟到的那个同学。根据四位同学的话，我们可以将他们说过的话转换为逻辑表达式。

四位同学的话	逻辑表达式
A：迟到的同学不是我	迟到的同学 !=A
B：迟到的同学是C	迟到的同学 ==C
C：迟到的同学是D	迟到的同学 ==D
D：C在说谎	迟到的同学 !=D

逻辑表达式的值只有"真"和"假"，即0和1。如果说的是真话，则表达式的值为1，否则为0。使用循环结构依次假设说谎者的编号（从A和B中取其一），每次都对上述四个表达式进行判断，如果有三个成立，就找到迟到的那个同学了。

案例 1： 逻辑运算。

```
#include<iostream>
using namespace std;
```

```
int main()
{
    char target;
    for(target='A';target<='D';target++)
    {
        if((target!='A')+(target=='C')+(target=='D')+(target
!='D')==3)
            cout<<" 迟到的同学是 "<<target;
    }
    return 0;
}
```

丁丁老师 "大宝，你这个游戏是小儿科，我这边还有一个问题——排名问题，看看你会不会。"

五位运动员参加 10 米台跳水比赛，有人让他们预测比赛结果。

A 选手说：B 第二，我第三。

B 选手说：我第二，E 第四。

C 选手说：我第一，D 第二。

D 选手说：C 最后，我第三。

E 选手说：我第四，A 第一。

比赛结束后，每位选手都说对了一半，请你编程确定比赛的名次。

大宝 "这好像比我们的问题难多了，这里有五个人，每个人都说了两句话，且每个人都只说对了一半，最后还要求每个人的名次。"

丁丁老师 "虽然看上去的确比上一题复杂，但是有了上一题的铺垫，这道题的思路自然就容易很多了。首先要注意的是，这次不再是找一个迟到的同学，而是找五位选手各自的名次。所以对于每一位选手，他都有可能成为第一名到第五名。这时我们就要对五位选手分别假设他为第一名到第五名，并同时判断他们的话是否都只说对一半，如果当前各位选手假设的名次使得他们说的话都只对了一半，那么就意味着我们找到了他们的名次。"

"丁丁老师，那该如何判断每个人说的话是否只对了一半呢？"

"由于每位选手都说了两句话，根据题目可以发现，这两句话都可以用逻辑运算来表示，那么每个人说的话只对了一半就代表每个人说的话对应的逻辑表达式相加应该等于 1，这里要注意的是，所有选手的话同时都对了一半，这个时候，我们就要使用到逻辑与运算符 && 将每个人的两句话联系在一起。"

"丁丁老师，如果最后算出有相同名次的选手该怎么办？是不是应该忽略这个答案？"

"大牙想得很周到啊！因为有五位选手和五个名次，所以每个名次只会出现一次，这时我们就要排除那些可能使得所有人的话都对一半但是名次重复的可能。五位选手一定要都有名次，也就是 12345。所以五个人的名次相乘应该等于 $1 \times 2 \times 3 \times 4 \times 5 = 120$。"

"原来是这样子，那我明白了！"

案例 2： 编程判断五个选手的名次。

```cpp
#include<iostream>
using namespace std;
int main()
{
    int A,B,C,D,E;
    for(A=1;A<=5;A++)
        for(B=1;B<=5;B++)
            for(C=1;C<=5;C++)
                for(D=1;D<=5;D++)
                    for(E=1;E<=5;E++)
    if((B==2)+(A==3)==1&&(B==2)+(E==4)==1&&(C==1)+(D==2)==1&&(C==5)+(D==3)==1&&(E==4)+(A==1)==1&&A*B*C*D*E==120)
  cout<<"A="<<A<<"  "<<"B="<<B<<"  "<<"C="<<C<<"  "<<"D="<<D<<"  "<<"E="<<E<<endl;
}
```

 课后练一练

1. 设变量 x、y、a、b 的值为 1，表达式 (x==1&&y==1)+(a%2||b%2) 的值是（   ）。

    A. 0   B. −1   C. 2   D. 1

2. 请你阅读下面的程序并写出运行结果。

```cpp
#include<iostream>
using namespace std;
int main()
{
    int x,y,z;
    x=1;y=1;z=0;
    x=(x||y&&z)+(x%2||y+z);
    y=(x+y+z==2);
    cout<<x<<","<<y;
}
```

程序变量跟踪表

x	y	z

输出：_____。

3. 1、2、3、4 这四个数字能组成多少个互不相同且无重复数字的 3 位数？请你编程计算。

程序分析：可填在百位、十位、个位的数字都是 1、2、3、4；组成所有的排列后，再去掉不满足条件的排列。

"我今天学了一个非常厉害的魔法——猜数术，不需要你张口，我就知道你心里想的是什么数字。"

"真的假的？"

"你来试试！大宝，我们先从简单的玩起，你从 0~7 中挑选一个数字记在心中。下面有三张卡片，请问你选的数字在第一张中吗？你只需要点头或摇头就行。"

大宝摇了摇头。

"请问你选的数字在第二张中吗？"

大宝点了点头。

"请问你选的数字在第三张中吗？"

大宝点了点头。

4 5		2 3		1 3
6 7		6 7		5 7
第 一 张		第 二 张		第 三 张

丁丁老师 "我知道了，你心里想的数字是3!"

大宝 "嗯，真猜对了！老师，您是如何做到的？"

丁丁老师 "要掌握这个魔法，首先要了解二进制。"

大宝 "二进制？"

丁丁老师 "是的，我们日常生活中所使用的数字是十进制，也就是数数的时候逢十进一。二进制只有 0 和 1 两个数字，因此数数时逢二进一。为了形象地说明问题，我们从小时候的数数看起。大家可以利用二进制来数数马的数量，要认真数呢！"

大家都在数数中。

丁丁老师 "很好，哪位同学能够发现，这个二进制的数和我们的卡片有什么关系呢？"

马 的 数 量	十 进 制	二 进 制	补 0 二进制
	0	0	000
🐴	1	1	001
🐴 🐴	2	10	010
🐴 🐴 🐴	3	11	011
🐴 🐴 🐴 🐴	4	100	100
🐴 🐴 🐴 🐴 🐴	5	101	101
🐴 🐴 🐴 🐴 🐴 🐴	6	110	110
🐴 🐴 🐴 🐴 🐴 🐴 🐴	7	111	111

大宝 "我发现了！十进制数 7 可以用二进制数 111 表示，所以 7 在三张卡片上都出现了，十进制数的 6 可以用二进制数 110 表示，所以 6 只出现在第一张和第二张卡片上。"

第 8 单元
其他知识

"不错，大宝的观察很仔细！"

"哦，我知道了，按照顺序，卡片上有这个数字就是 1，没有就是 0。刚才我想的是 3，第一张卡片上没有，第二张和第三张卡片都有，所以就是 011，这就对应着数字 3 了。"

"大宝已经会玩这个游戏了！"

"可是我记不住二进制的数字分别代表十进制的数字几呀？"

"这个容易，对照着十进制，二进制的计算也容易理解。"

十进制	十进制数据	二进制	二进制数据
45	4×10+5×1	10	1×2+0×1
456	4×10×10+5×10+6×1	110	1×2×2+1×2+0×1
4567	4×10×10×10+5×10×10+6×10+7×1	1110	1×2×2×2+1×2×2+1×2+0×1

"原来是这样子啊，那数字大的时候，二进制数肯定很长。"

"对的，不过我们会编程呀，写一个程序，来实现二进制到十进制的转换，这样就可以快速知道这个数字是多少。"

案例 1： 二进制到十进制的转换。

```
#include<iostream>
using namespace std;
int main()
{
    int a[50],len=0,bin=1110;
    while(bin!=0)
    {
        a[len]=bin%10;
        len++;
        bin=bin/10;
    }
    int dec=0;
    for(int i=len-1;i>=0;i--)
```

开始 → 把二进制数存入数组 → 把二进制数转换成十进制数 → 结束

bin=1110
dec=14

```
            dec=dec*2+a[i];
        cout<<dec;
        return 0;
    }
```

大宝 "有了这个程序，就知道二进制数是多少了！"

丁丁老师 "嗯，了解了二进制转十进制的原理，就可以把猜数术的游戏程序编写出来了。"

案例2： 编写程序猜数术。

```
#include<iostream>
using namespace std;
int main()
{
    int i,a[4],ans;
    string t[4];
    t[0]="0 1 2 3 4 5 6 7";
    t[1]="1 3 5 7";
    t[2]="2 3 6 7";
    t[3]="4 5 6 7";
    cout<<" 请你从下面 8 个数中选一个并记在心里。"<<endl;
    cout<<t[0]<<endl;
    for(i=1;i<=3;i++)
    {
        cout<<i<<": 下面的数中有吗 ?"<<endl<<"0: 没有   1: 有 "<<endl;
        cout<<" 请输入 0 或 1。"<<endl;
        cout<<t[i]<<endl;
        cin>>a[i];
    }
    ans=4*a[3]+2*a[2]+a[1];
    cout<<" 你心中想的数是 :";
    cout<<ans<<endl;
    return 0;
}
```

"丁丁老师，这个程序只能猜 0~7 的数字，能不能猜 100 以内的数字呀？"

"知道了原理，只需要把卡片的数量变多，就可以猜更大的数字了。n 张卡片可以猜 $0~2^n-1$ 范围内的数字。"

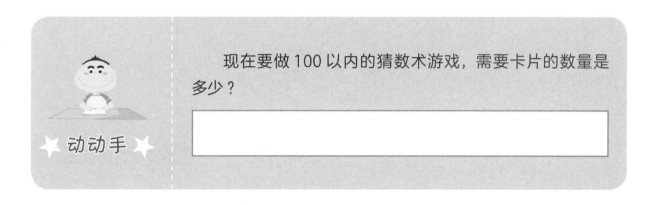

现在要做 100 以内的猜数术游戏，需要卡片的数量是多少？

课后练一练

1. 二进制数 1001011 转换成十进制数，其结果为（　　　）。

    A. 57 　　　　　　　B. 58 　　　　　　　C. 59 　　　　　　　D. 63

2. 请你阅读下面的程序并写出运行结果。

```cpp
#include<iostream>
#include<cmath>
using namespace std;
int change(string s)
{
    int ans=0;
    int len=s.size();
    for(int i=0;i<len;i++)
    ans+=(s[i]-'0')*pow(2,len-i-1);
    return ans;
}
int main()
```

程序变量跟踪表

i	s[i]

```
    {
        string s1="1010011";
        string s2="1001011";
        int a=change(s1);
        int b=change(s2);
        cout<<a-b<<endl;
        return 0;
    }
```

输出：_____。

3. 经过了对二进制的学习，大宝突发奇想地想考大牙一个小问题。大宝想知道如果两个十进制数的二进制位数相同，在二进制下各个位数两两对应，那么其中有多少位是不一样的。大牙犯了难，你能帮助他编程解决这个问题吗？

输入 / 输出示例如下。

输入：

```
83 75
```

分析：83 的二进制数是 01010011；

75 的二进制数是 01001011；

对比各位可知，共有两位不同。

输出：

```
2
```

第58课　学生成绩读写

"大宝，数学老师让我把全班的数学成绩统计一下，你和我一起想想办法，看看能不能以文件的形式将大家的成绩存起来？不过要存起来的不光是成绩，还有学号和姓名。"

"不光要存成绩，还要存学号和姓名，那就得使用结构体了，至于如何将这些信息以文件的形式存储起来，在原理上应该没有问题，我记得在哪本编程书上讲过，你稍等，让我帮你查查。"

大宝立刻从桌洞中搬出一大摞编程书，有模有样地找了起来。你别说，还真被他找到了。

在 C++ 中，对文件的操作是通过 stream 的子类 fstream(file stream) 实现的，所以，要用这种方式操作文件，就必须加入头文件 fstream.h。

ofstream 和 ifstream 又是 fstream 的子类，ofstream 是从内存到硬盘，ifstream 是从硬盘到内存。ofstream 和 ifstream 类的基本使用方法如下。

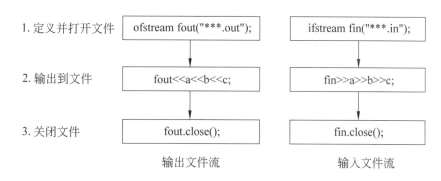

	输出文件流	输入文件流
1. 定义并打开文件	ofstream fout("***.out");	ifstream fin("***.in");
2. 输出到文件	fout<<a<<b<<c;	fin>>a>>b>>c;
3. 关闭文件	fout.close();	fin.close();

案例 1: 将全班同学的数学成绩以文件的形式保存起来。

```cpp
#include<iostream>
#include<fstream>
using namespace std;
ofstream fout("math.out");
struct student{
    int ID;
    char name[8];
    int math;
};
int main()
{
    int i,n;
    student stu;
    cin>>n;
    for(i=0;i<n;i++)
    {
        cin>>stu.ID>>stu.name>>stu.math;
        fout<<stu.ID<<" "<<stu.name<<" "<<stu.math<<endl;
    }
    fout.close();
    return 0;
}
```

六牙 "大宝，快过来！又有问题了！"

六宝 "什么问题呀？"

六牙 "今天数学老师说，我们班的 4 号木木同学的数学成绩判错了，应该是 85，不是原来的 78，原来的程序是不是要修改一下？"

六宝 "啊！还是那个程序呀！让我再翻翻书，看看如何修改他的成绩。"

案例 2: 将 4 号木木同学的数学成绩由原来的 78 改成 85。

说明：整个程序的基本流程如下。

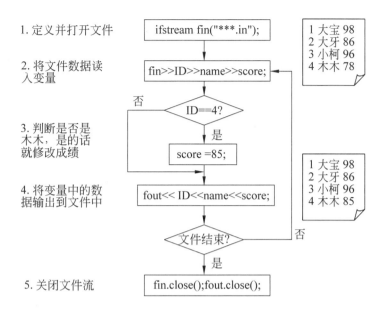

1. 定义并打开文件   `ifstream fin("***.in");`

```
1 大宝 98
2 大牙 86
3 小柯 96
4 木木 78
```

2. 将文件数据读
入变量   `fin>>ID>>name>>score;`

3. 判断是否是
木木，是的话
就修改成绩

`ID==4?` 否 / 是

`score =85;`

```
1 大宝 98
2 大牙 86
3 小柯 96
4 木木 85
```

4. 将变量中的数
据输出到文件中   `fout<< ID<<name<<score;`

文件结束? 否

是

5. 关闭文件流   `fin.close();fout.close();`

```cpp
#include<iostream>
#include<fstream>
using namespace std;
ifstream fin("math.in");
ofstream fout("math.out");
struct Score{
    int ID;
    char name[8];
    int math;
};
int main()
{
    Score s;
    int i;
    for(i=1;i<=5;i++)
    {
        fin>>s.ID>>s.name>>s.score;
        if(s.ID==4)
            s.score=85;
        fout<<s.ID<<" "<<s.name<<" "<<s.score<<endl;
```

```
    }
    fin.close();
    fout.close();
    return 0;
}
```

"大牙，你看，我做出来了！运行成功！"

"我来试试！咦？结果有点不对呀！怎么全是 0 和 85 呀！"

"让我看看，在我的计算机上还是好好的，怎么到了你这里就不行了呢？"
大宝认真地对照了一遍，发现程序一模一样，连一个标点符号都不错，真是奇怪了！

最后，两人去请教丁丁老师，丁丁老师看了看程序。

"可能是你们的输入文件流和输出文件流没有打开的缘故，你们可以在程序的开头加上这样一段语句，来判断一下输入文件流和输出文件流是否能够打开。"

案例 3： 判断输入文件流和输出文件流是否打开。

说明：把该程序段放入文件读写开始的前面。

```
    if(!fin)
    {
        cout<<" 输入文件流不能打开! ";
        return 0;
    }
    if(!fout)
    {
        cout<<" 输出文件流不能打开! ";
        return 0;
    }
```

结果显示："输入文件流不能打开！"。

"这说明大牙的计算机上没有 math.in 这个文件，当然不能读入文件流了。你只需要把大宝计算机上的那个 math.in 文件复制过来就行了，或者自己建一个 math.in 文件也行，不要忘记向里面输入数据。"

课后练一练

1. 下列文件格式中，不属于视频文件格式的是（　　　）。

　　A. TXT　　　　　　　B. AVI　　　　　　　C. MOV　　　　　　　D. RMVB

2. 请你阅读下面的程序并写出它的功能。

```cpp
#include<iostream>
#include<fstream>
using namespace std;
ofstream fout("aabb.out");
int main()
{
    int x,n,high,low;
    for(x=32;;x++)
    {
        n=x*x;
        if(n<1000) continue;
        if(n>9999) break;
        high=n/100;
        low=n%100;
        if(high/10==high%10&&low/10==low%10)
            fout<<x<<" "<<n<<endl;
    }
    fout.close();
    return 0;
}
```

该程序实现的功能是：＿＿＿＿＿＿＿。

3. 有一个存放 m 和 n 之间的整数的文件，现在需要统计一下文件中奇数的个数。请你把下面的程序补充完整。

```cpp
#include<fstream>
#include<iostream>
```

```cpp
using namespace std;
int main()
{
    int i,x,count=0;
    ifstream fin;
    ofstream fout;
    fout.open("afile.dat");
    if(     (1)     )
    {
        cout<<" 输出文件流打不开！";
        return 0;
    }
    cin>>m>>n;
    for(i=m;i<=n;i++)
        fout<<i<<endl;
    fout.close();
    fin.open("afile.dat");
    while(fin>>x)
    {
        if(     (2)     ) count++;
    }
    cout<<count<<endl;
    return 0;
}
```

4. 🐮六牙 "大宝，你文件这块的认识学得真不错！这次数学考试，数学老师让我统计一下各分数段的人数，你帮我再编程计算一下，把计算结果存放到 math.out 文件的尾部。"

输入：班级的数学成绩。

输出：各分数段的学生人数，主要分为 5 个分数段。

分数段	等级
90~100	优秀
80~89	良好
70~79	中等
60~69	及格
0~59	不及格

输入 / 输出示例:

输入:

```
math.in 文件信息
1 大宝 95
2 大牙 84
3 小柯 92
4 木木 86
5 星星 77
```

输出:

```
math.out
优秀 2人
良好 2人
中等 1人
及格 0人
不及格 0人
```

文件重定向

丁丁老师 "大宝和大牙最近自行研究了文件的读入和存储，非常了不起！在此我表扬一下大宝和大牙两位同学！"

大宝和大牙非常高兴。

丁丁老师 "我们以前编写程序时，都是利用 cin 和 cout 来实现输入和输出，大家都习惯了，是不是？"

大家纷纷点头示意。

丁丁老师 "那好，我今天教大家一种方法，还是利用 cin 和 cout 来实现对文件的操作，这叫文件的重定向。"

大宝 "重定向？"

丁丁老师 "对的，比如我们原来的语句

```
cin>>x;
```

是从键盘上输入一个数字给变量 x，利用重定向技术后，再碰到这句话，就直接从输入流文件中读取一个数赋值给 x，也就是数据的来源重新定位了。"

"哦，那太好了，我只需要把数据存放到文件中，就可以直接读取了，不需要我从键盘上一个个地输入了。"

"对的。编写程序时，常常有大量的输入和输出，如果我们每次都在控制端输入，会花费大量的时间，将要输入的数据保存在文件中，利用文件重定位技术，不需要修改任何代码，就可以利用 cin 转到文件中读取数据了。"

"那真是太好了，那怎么用重定向技术呀？"

"文件重定向也不难，只需要在程序开头做如下声明就行，该声明的含义就是任何对 stdin、stdout 的操作都变成了对输入流文件、输出流文件的操作。"

```
freopen(" 输入流文件名 ","r",stdin);
freopen(" 输出流文件名 ","w",stdout);
```

案例 1: 将班级数学成绩从文件中读出，统计班级的平均分、最高分和最低分。

```cpp
#include<iostream>
using namespace std;
int main() {
    freopen("math.in","r",stdin);
    freopen("math.out","w",stdout);
    int max=0,min=65535;
    int score,total=0,snum=0;
    while(cin>>score){
        snum++;
        total+=score;
        if(score>max)
            max=score;
        if(score<min)
            min=score;
    }
```

```
cout<<"The score of max:"<<max<<endl;
cout<<"The score of min:"<<min<<endl;
cout<<"The average score is:"<<total/snum<<endl;
return 0;
}
```

丁丁老师 "大家注意了！这个程序的运行虽然有 cin，但是不需要大家自己输入数据，大家只需要在存放程序的地方新建一个文件，文件名称为 math.in，然后利用记事本打开，将要输入的数据输入文件，就可以让计算机自动输入数据进行计算了。当然，cout 输出也不再是输出到屏幕上，而是输出到 math.out 文件中，这个文件不需要用户自己创建，计算机会自动创建一个，并且把输出数据存放进去。你只需要到存放程序的地方去找，再利用记事本打开就可以查看结果了。"

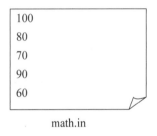

math.in

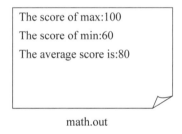

math.out

大宝 "丁丁老师，这样确实方便很多。一方面，当要输入的数据很多时，可以加上一句输入的重定向语句，这样就可以直接从文件中读取数据了，不需要的话，直接把它注释掉就可以了；另一方面，当需要保存到文件时，就加上一句输出的重定向语句，要是想直接显示在屏幕上，把这句也直接注释掉就行了。"

丁丁老师 "大宝总结得很好！利用重定向方法，可以很方便实现数据读入读出与输入输出的切换。下面我们试一个数据量大一点的例子，把我们班所有同学的成绩利用冒泡排序算法排个序，再来练习一下文件重定向技术。"

案例 2： 将全班 30 个同学的成绩利用文件重定向技术进行冒泡排序。

说明：该案例的基本流程如下。

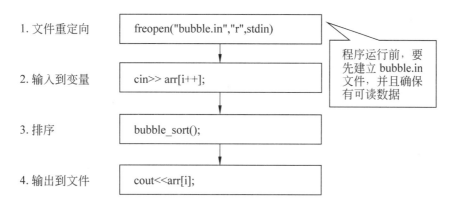

1. 文件重定向	freopen("bubble.in","r",stdin)
2. 输入到变量	cin>> arr[i++];
3. 排序	bubble_sort();
4. 输出到文件	cout<<arr[i];

程序运行前，要先建立 bubble.in 文件，并且确保有可读数据

```cpp
#include<iostream>
using namespace std;
void bubble_sort(int arr[],int len)
{
    int i,j,temp;
    for(i=0; i<len-1; i++)
        for(j= 0;j<len-1-i;j++)
        if(arr[j]>arr[j+1])
        {
            temp=arr[j];
            arr[j]=arr[j+1];
            arr[j+1]=temp;
        }
}
int main()
{
    freopen("bubble.in","r",stdin);
    freopen("bubble.out","w",stdout);
    int arr[30],len,i=0;
    while(cin>>arr[i++]);
    len=i-1;
    bubble_sort(arr, len);
    for(int i=0; i<len; i++)
        cout<<arr[i]<<' ';
    return 0;
}
```

思维训练

问题：文件重定向技术和文件流技术相比，有哪些优势和劣势？

课后练一练

1. 以下不是图像文件扩展名的是（　　　　）。

　　A. gif　　　　　　　　B. jpg　　　　　　　　C. png　　　　　　　　D. wav

2. 请你阅读下面的程序并写出运行结果。

```cpp
#include<iostream>
using namespace std;
int main() {
    freopen("subcip.in","r",stdin);
    freopen("subcip.out","w",stdout);
    string s;
    getline(cin,s);
    for(int i=0;i<s.size();i++)
        if(s[i]>='A'&&s[i]<='Z')) s[i]+=32;
    cout<<s<<endl;
    return 0;
}
```

subcip.in 中的文件内容：

```
NoPQRstUVWxTzBCDEdfgHIrtLM
```

输出：_____。

3. 从一个文件列表中读取一系列数据，判断这些数据是否是素数。请你把下面的程序补充完整。

```cpp
#include<iostream>
#include<cmath>
#include<fstream>
using namespace std;

bool prime(int n)
{
    if(n==1)
        return false;
    for(int i=2; i<sqrt(n)+1;i++)
    {
        if(_____(1)_____)
            return false;
    }
    return true;
}
int main() {
    int number;
    freopen("prime.in","r",stdin);
    freopen("prime.out","w",stdout);
    while(cin>>number)
    {
        if(_____(2)_____)
            cout<<number<<endl;
    }
    return 0;
}
```

4. 本次数学考试的成绩需要存放在 math.in 文件中，请你设计一个统计系统，用来统计分数大于 x 的学生人数。

输入：学生信息包括学号、姓名、成绩。

输出：分数大于 x 的学生人数，若无人分数大于 x，则输出 0。

输入 / 输出示例：

math.in 文件信息
1　大宝　95
2　大牙　84
3　小柯　79
4　木木　86
5　星星　77
6　壮壮　87
7　阿涛　77

输入：

80

输出：

4

输入：

85

输入：

3

第 60 课　成绩管理系统升级版

"大牙，我用了你编写的成绩管理系统，发现系统中还存在不少问题呢！"

"哦，有哪些问题？"

"这些问题我都整理到测试文档中了。"

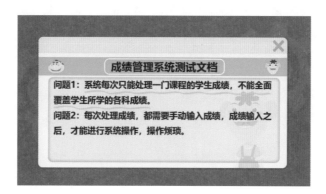

成绩管理系统测试文档

问题1：系统每次只能处理一门课程的学生成绩，不能全面覆盖学生所学的各科成绩。

问题2：每次处理成绩，都需要手动输入成绩，成绩输入之后，才能进行系统操作，操作烦琐。

"大宝，你提出的问题很好。经过最近一段时间的学习，我对你提出的问题又有了新的解决思路。"

"哦，说说看。"

"我马上发一个解决方案出来。"

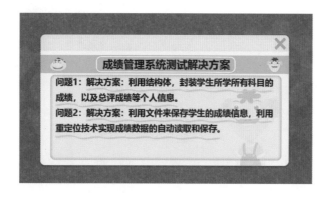

成绩管理系统测试解决方案

问题1：解决方案：利用结构体，封装学生所学所有科目的成绩，以及总评成绩等个人信息。

问题2：解决方案：利用文件来保存学生的成绩信息，利用重定位技术实现成绩数据的自动读取和保存。

丁丁老师 "大牙写的这个解决方案很好，如果实现了，那么这个学生信息管理系统就更加完善了。"

大牙 "我一定会努力的，争取早日把系统做成一个成熟产品。"

> 综合案例：成绩管理系统升级版
>
> 说明：升级版主要功能如下。
>
> ① 从文件中读取学生信息。
>
> ② 计算学生总分。
>
> ③ 打印学生信息。
>
> ④ 将学生信息按成绩排名。
>
> ⑤ 将学生信息输出到文件。

其中，对于学生信息，用结构体实现，并且实现学生结构体运算符重载。在学生信息按成绩排名中，采用以下规则进行排名：（当两名同学的总分不同时，按总分升序排名，如果总分相同，则按语文成绩升序排名，如果语文成绩相同，则按数学成绩升序排名）。

```cpp
#include<iostream>
#include<iomanip>
#include<fstream>
using namespace std;
ifstream fin("information.in");
ofstream fout("information.out");
struct student
{
    char name[10];
    int Chinese;
    int Math;
    int English;
    int Sum;
    bool operator<(const student &s)const
```

```cpp
    {
        if(Sum!=s.Sum) return Sum<s.Sum;
        else if(Chinese!=s.Chinese) return Chinese<s.Chinese;
        else if(Math!=s.Math) return Math<s.Math;
    }
};

void input(student stu[])
{
    cout<<" 从文件录入学生信息 !"<<endl;
    for(int i=0;i<10;i++)
    {
        fin>>stu[i].name>>stu[i].Chinese>>stu[i].Math>>stu[i].English;
    }
    getchar();
    for(int i=0;i<10;i++)
        cout<<stu[i].name<<" "<<stu[i].Chinese<<" "<<stu[i].Math<<" "<<stu[i].English<<endl;
    cout<<" 按下回车继续 ..."<<endl;
    getchar();
    system("cls");
}
void calc(student stu[])
{
    cout<<" 计算学生总分 !"<<endl;
    getchar();
    for(int i=0;i<10;i++)
        stu[i].Sum=stu[i].Chinese+stu[i].Math+stu[i].English;
    cout<<" 按下回车继续 ..."<<endl;
    getchar();
    system("cls");
}
void print(student stu[])
```

```
{
    getchar();
    cout<<" 打印学生信息 !"<<endl;
    cout<<" 姓名 "<<setw(5)<<" 语文 "<<setw(5)<<" 数学 "<<setw(5)<<
" 英语 "<<setw(5)<<" 总分 "<<endl;
    for(int i=0;i<10;i++)
        cout<<stu[i].name<<setw(5)<<stu[i].Chinese<<setw(5)<<stu[i].
Math<<setw(5)<<stu[i].English<<setw(5)<<stu[i].Sum<<endl;
    cout<<" 按下回车继续 ..."<<endl;
    getchar();
    system("cls");
}
void sort(student stu[])
{
    cout<<" 将学生信息按成绩排名 "<<endl;
    getchar();
    for(int i=0;i<9;i++)
        for(int j=0;j<9-i;j++)
            if(stu[j]<stu[j+1])
            {
                student temp;
                temp=stu[j];
                stu[j]=stu[j+1];
                stu[j+1]=temp;
            }
    cout<<" 按下回车继续 ..."<<endl;
    getchar();
    system("cls");
}
void output(student stu[])
{
    cout<<" 将学生信息输出到文件 "<<endl;
    getchar();
```

```cpp
    fout<<" 姓名 "<<setw(5)<<" 语文 "<<setw(5)<<" 数学 "<<setw(5)<<
" 英语 "<<setw(5)<<" 总分 "<<endl;
    for(int i=0;i<10;i++)
        fout<<stu[i].name<<setw(5)<<stu[i].Chinese<<setw(5)<<stu[i].
Math<<setw(5)<<stu[i].English<<setw(5)<<stu[i].Sum<<endl;
    cout<<" 按下回车继续 ..."<<endl;
    getchar();
    system("cls");
}
int main()
{
    if(!fin)
    {
        cout<<" 输入文件流不能打开! ";
        return 0;
    }
    if(!fout)
    {
        cout<<" 输出文件流不能打开! ";
        return 0;
    }
    int choice;
    student stu[10];
    while(1)
    {
        cout<<" 欢迎使用宝牙科学成绩管理系统! "<<endl;
        cout<<"1. 从文件中读取学生信息 "<<endl;
        cout<<"2. 计算学生总分 "<<endl;
        cout<<"3. 打印学生信息 "<<endl;
        cout<<"4. 将学生信息按成绩排名 "<<endl;
        cout<<"5. 将学生信息输出到文件 "<<endl;
        cout<<"0. 退出系统 "<<endl;
        cout<<" 请输入你的选择: "<<endl;
```

```
        cin>>choice;
        switch(choice)
        {
            case 1:input(stu);break;
            case 2:calc(stu);break;
            case 3:print(stu);break;
            case 4:sort(stu);break;
            case 5:output(stu);break;
            case 0:cout<<" 感谢使用！ "<<endl;exit(0);break;
        }
    fin.close();
    fout.close();
    return 0;
}
```

 课后练一练

1. 软件系统测试的对象是（　　　　）。

　　A. 硬件　　　　　　B. 数据　　　　　　C. 源代码　　　　　　D. 整个软件系统

2. 最近大宝很头疼，老有同学和他比较出生日期，说比他大了多少天、比他小了多少天。可是究竟大多少天呢？一算就要算上一整天。

大牙出了一个主意，他说编写一个程序自动计算多好呀！下面是大牙编写的程序，请你把程序补充完整。

```
#include<iostream>
using namespace std;
bool leap(int year)
{
    return (year%4==0 && year%100!=0||year%400==0);
}
```

```
struct Birthday
{
    string name;
    int year;
    int month;
    int day;
    int operator- (const Birthday b)const
    {
    int days1=0,days2=0;
    int adda=0,addb=0;
    int dayspm[13]={0,0,31,59,90,120,151,181,212,243,273,304,334};
    for(int i=year;i<b.year;i++)
    {
        days2=_____(1)_____;
    }
    if(month>=3&&leap(year))
        adda++;
    if(b.month>=3&&leap(b.year))
        addb++;

    days1=days1+dayspm[month]+day+adda;
    days2=days2+dayspm[b.month]+b.day+addb;
    return days2-days1;
    }
};
//date1 比 date2 小 , 返回值为 1, 否则为 0
int Compare(Birthday date1, Birthday date2)
{
    if(date1.year < date2.year)
        return 1;
    if(date1.year<=date2.year && date1.month<date2.month)
        return 1;
    if(_____(2)_____)
        return 1;
```

```
        return 0;
}
int main()
{
        int xc;
        Birthday date1,date2;
        cout<<" 请输入第一位同学的姓名和出生日期 :";
        cin>>date1.name>>date1.year>>date1.month>>date1.day;
        cout<<" 请输入第二位同学的姓名和出生日期 :";
        cin>>date2.name>>date2.year>>date2.month>>date2.day;
        if(!Compare(date1,date2))
                swap(date1,date2);
        xc=date1-date2;
        cout<<date1.name<<" 年龄大！ 大 "<<xc<<" 天！ "<<endl;
        return 0;
}
```

3. 现在肥胖的同学越来越多，为了能够及时提醒同学们锻炼身体，大宝准备编写一个软件显示同学们的身体状况。大宝选择了常用的 BMI 指数作为提醒依据，具体数据见下表。

系统建议功能如下。

① 从文件中读取全班同学的姓名、身高和体重信息。

② 将每位同学的相关疾病发病的危险性提示信息和个人信息一起输出到文件中。

③ 把 BMI 指数最高的那位同学单独输出，重点警示。

说明：BMI= 体重 / 身高 ^{2}（国际单位：kg/ ㎡）

BMI 分类	WHO 标准	相关疾病发病的危险性
偏瘦	<18.5	降低
正常	18.5 ~ 24.9	平均水平
偏胖	25.0 ~ 29.9	增加
肥胖	30.0 ~ 34.9	中度增加
重度肥胖	35.0 ~ 39.9	严重增加
极重度肥胖	≥ 40.0	非常严重增加

第31课　分数统计

1. 填空题

下标 i	0	1	2	3	4	5	6	7	8	9
a[i]	1	2	3	4	5	6	7	8	9	10

2.
(1) sum+=score[i]　　　(2) sum/30.0

3. 参考程序：

```cpp
#include<iostream>
#include<cstdlib>
#include<ctime>
using namespace std;
int main()
{
    int score[30];
    int high=0;
    int low=100;
    srand(time(0));
    for(int i=0;i<30;i++)
    {
        score[i]=rand()%101;
        if(score[i]>high)
            high=score[i];
        if(score[i]<low)
```

```
        low=score[i];
    }
    cout<<" 班级的最高分为: "<<high<<endl;
    cout<<" 班级的最低分为: "<<low<<endl;
    return 0;
}
```

第 32 课　各分数段的人数

1.（1）30　　（2）25

2.（1）i%5　　（2）score[i]

3. 参考程序：

```
#include<iostream>
using namespace std;
int main()
{
    int score[30],avg,sum=0;
    cout<<" 按学号输入 30 位同学的成绩: "<<endl;
    for(int i=0;i<30;i++)
    {
        cin>>score[i];
        sum+=score[i];
    }
    avg=sum/30.0;
    int count=0;
    for(int i=0;i<30;i++)
        if(score[i]<avg) count++;
    cout<<" 低于班级平均分的同学人数: "<<count<<endl;
    return 0;
}
```

第33课　冒泡排序

1. B

2.（1）`minindex=i`　（2）`minindex!=j`

3. 参考程序:

```cpp
#include<iostream>
using namespace std;
int main()
{
    int score[10]={55,72,46,93,88,73,84,66,90,78};
    int count=0;
    for(int i=0;i<9;i++)
        for(int j=0;j<9-i;j++)
        {
            if(score[j]<score[j+1])
            {
                int t=score[j];
                score[j]=score[j+1];
                score[j+1]=t;
                count++;
            }
        }
    cout<<"排序之后的数据为：";
    for(int i=0;i<10;i++)
        cout<<score[i]<<" ";
    cout<<endl;
    cout<<"本次排序共进行了 "<<count<<" 次数据交换。";
    return 0;
}
```

小学生
C++ 编程启蒙

第34课 折半查找

1.

查找数	98	88	85	77	52
顺序查找	1	4	5	8	10
二分查找	3	4	1	2	4

2.（1）`right=mid-1`　　（2）`left=mid+1`

3. 参考程序：

```cpp
#include<iostream>
using namespace std;
int main()
{
    int n,left,right;
    int score[30];
    cout<<" 按学号输入 30 位同学的成绩："<<endl;
    for(int i=0;i<30;i++)
        cin>>score[i];
    for(int i=0;i<29;i++)
        for(int j=0;j<29-i;j++)
        {
            if(score[j]<score[j+1])
            {
                int t=score[j];
                score[j]=score[j+1];
                score[j+1]=t;
            }
        }
    cin>>n;
    while(n!=-1)
    {
        left=0;
```

```
                right=29;
                while(left<=right)
                {
                        int mid=(left+right)/2;
                        if(score[mid]==n)
                        {
                                cout<<n<<" 成绩在班级排名为 "<<mid+1;
                                break;
                        }
                        else if(score[mid]>n) left=mid+1;
                        else right=mid-1;
                }
                if(left>right)
                        cout<<" 没有该成绩的同学！";
                cin>>n;
        }
        return 0;
}
```

第 35 课　看看班上还剩谁

1. 28

2.（1）score[i]　　（2）cout<<setw(3)<<i

3. 参考程序：

```
#include<iostream>
using namespace std;
int a[120];
int main()
{
        int n;
        cin>>n;
        int x;
```

```
for(int i=0; i<n;i++)
{
    cin>>x;
    a[x]++;
}
for(int i=100; i>=0;i--)
    if (a[i])
        cout<<i<<" 分有 "<<a[i]<<" 个 "<<endl;
}
```

第36课 字符替换

1. D

2. （1）isupper(str[i])   （2）islower(str[i])

3. 参考程序:

```
#include<iostream>
#include<string>
#include<cstdio>
using namespace std;
int main()
{
    string ch;
    bool isfirst=true;
    int i=0;
    int num=0;
    getline(cin, ch);
    while(i!=ch.size())
    {
        if(isfirst)
        {
            if(ch[i]>=97 && ch[i]<=122)
            {
```

```
                num++;
                ch[i] -= 32;
            }
            isfirst=false;
        }
        else
        {
            if (ch[i]=='.' || ch[i] == '?' || ch[i] == '!')
                isfirst=true;
        }
        i++;
    }


    if (num>0)
    {
        cout<<" 文章中共有 "<<num<<" 处句子开头无大写情况! " << endl;
        cout<<" 更正之后的文章为: "<<endl;
        cout<<ch;
    }
    else
        cout<<" 文章很好! 无句子开头小写情况! ";
    return 0;
}
```

第37课 回 文 串

1. A

2.（1）strlen(str)-1 （2）left<right

3. 参考程序:

```
#include<iostream>
#include<cstring>
```

```cpp
using namespace std;
int main()
{
    char str[100];
    int a[100]={-1};
    int temp=1;
    gets_s(str);
    if(strlen(str)==0) return 0;
    for(int i=0; i<strlen(str);i++)
        if (str[i] == ' ')
            a[temp++]=i;
    a[temp]=strlen(str);
    for int i=0; i<temp; i++)
    {
        int left=a[i]+1, right=a[i+1]-1;
    while (left<right)
    {
        char temp=str[left];
        str[left]=str[right];
        str[right]=temp;
        left++;
        right--;
    }
    }
    puts(str);
    return 0;
}
```

第38课　图像的显示

1. C

2.（1）cin>>m>>n　　（2）a[i][j]=1

3. 参考程序：

```cpp
#include<iostream>
using namespace std;
int main()
{
    char map[6][6] ={
                    {'#','#','#','#','#','#'},
                    {'#',' ','0','#',' ',' '},
                    {'#',' ','#','#',' ','#'},
                    {'#',' ',' ','#',' ','#'},
                    {'#','#',' ',' ',' ','#'},
                    {'#','#','#','#','#','#'}
                    };
    for(int i=0;i<=5;i++)
    {
        for(int j=0;j<=5;j++)
        {
            cout<<map[i][j];
        }
        cout<<endl;
    }
    return 0;
}
```

第 39 课　二维图像的压缩

1. B

2. (1) z[t++]=s[i][j];　　(2) ns[x[i]][y[i]]=z[i];

3. 程序段 1：

```cpp
for(int i=0;i<=s1.size();i++){
    if(s1[i]>='A'&&s1[i]<='Z'){
```

```
            a[s1[i]-'A'+1]++;
        }
    }
```

程序段 2:

```
maxa=a[1];
for(int i=2;i<=26;i++)
    if(maxa<a[i]) maxa=a[i];
```

第 40 课　走　迷　宫

1. B

2.（1）++num　　（2）i++

3. 参考程序:

```
#include<iostream>
using namespace std;
const int N = 1010;
int q[N][N];
int dx[4]={0,1,0,-1};
int dy[4]={1,0,-1,0};
int x=1, y=0, num=1;
int m, n;
int main()
{
    cin>>m>>n;
    for(int i=1; i<=m;i++)
        for(int j=1; j<=n; j++)
            q[i][j]=-1;

    int i=0;
    while(num<=m*n)
```

```
{
        int Dx=x+dx[i];
        int Dy=y+dy[i];
        if(q[Dx][Dy]==-1)
        {
                x=Dx;
                y=Dy;
                q[Dx][Dy] = num++;
        }
        else
                i=(i+1)%4;
    }
    for(int i=1; i<=m;i++)
    {
        for(int j=1; j<=n; j++)
                cout<<q[i][j]<<"\t";
        cout<<endl;
    }
}
```

第 41 课　函数究竟是什么

1. D

2.（1）`#include<cmath>`　　（2）`float fun(int x)`

3. 参考程序:

```
#include<iostream>
using namespace std;
bool leap(int year)
{
    if((year%400==0)||((year%4==0)&&(year%100!=0)))
        return true;
    return false;
```

```
}
int main()
{
    int year;
    cin>>year;
    if(leap(year))
        cout<<year<<" 是闰年！";
    else
        cout<<year<<" 是平年！";
    return 0;
}
```

第 42 课　函数的熟悉

1. A

2.（1）fun()　　（2）i=1;i<30;i++

3. 参考程序：

```
#include<iostream>
using namespace std;
double fscore(){
    int total=0;
    int maxn=0,minn=10;
    for(int i=1;i<=6;++i){
        int score;
        cin>>score;
        total+=score;
        if(maxn<score) maxn=score;
        if(minn>score) minn=score;
    }
    total-=maxn;
    total-=minn;
    double avg=total/4.0;
```

```
        return avg;
}


int main(){
    int i;
    double total=0.0,maxans=0;
    for(i=1;i<=10;++i){
        double s=fscore();
        if(maxans<s) maxans=s;
    }
    cout<<maxans;
    return 0;
}
```

第 43 课　哥德巴赫猜想

1. C

2.（1）n==hw　　（2）num<100000

3. 参考程序：

```
#include<iostream>
using namespace std;
int Narcissistic(int n)
{
    int a=n/100;
    int b=n/10%10;
    int c=n%10;
    return a*a*a+b*b*b+c*c*c==n;
}
int main()
{
    int i;
    for(i=100;i<1000;i++)
```

```
        if(Narcissistic(i))
            cout<<i<<endl;
```

第44课 埃氏筛法

1. C

2. (1) 1000　　(2) !num[i] 或者 num[i]==0

3. 参考程序:

```cpp
#include<iostream>
#include<cmath>
using namespace std;
int divisor(int x)
{
    int ret=1;
    int p=0;
    for(int i=2;i<x/i;i++)
//x/i 在这个程序中等效于 sqrt(x),但 x/i 的运行速度更快
    {
        if(x%i==0)
        {
            p=x/i;
            ret=ret+i+p;
        }
    }
    return ret;
}
int main()
{
    int n=0;
    int num1,num2;
    cin>>num1>>num2;
    int res1=divisor(num1);
```

```
    int res2=divisor(num2);
    if (res1==num2 && res2==num1)
        cout<<num1<<" 和 "<<num2<<" 是亲和数 ";
    else
        cout<<num1<<" 和 "<<num2<<" 不是亲和数 ";
    return 0;
}
```

第 45 课　数组名作为参数传递

1. C

2.（1）num%10==7　（2）a,n

3. 参考程序：

```
#include<iostream>
using namespace std;
int maxscore(int s[],int n)
{
    int num,max=0;
    for(int i=0;i<n;i++)
    {
        if(s[i]>max)
        {
            max=s[i];
            num=i;
        }
    }
    return num;
}
int main()
{
    string name[50];
    int score1[50],score2[50],score3[50],sum[50];
```

```
    int n;
    cin>>n;
    for(int i=0;i<n;i++)
    {
        cin>>name[i]>>score1[i]>>score2[i]>>score3[i];
        sum[i]=score1[i]+score2[i]+score3[i];
    }
    int t=maxscore(sum,n);
    cout<<name[t]<<" "<<score1[t]<<" "<<score2[t]<<" "<<score3[t]<<
" "<<sum[t]<<endl;
    return 0;
}
```

第 46 课　引用作为参数传递

1. D

2.

```
10
15
115
```

3. 参考程序:

```
#include<iostream>
using namespace std;
void swap(int *a,int *b)
{
    int t;
    t=*a;
    *a=*b;
    *b=t;
}
```

```
int main()
{
    int x=6,y=4,z=5;
    if(x<y) swap(&x,&y);
    if(x<z) swap(&x,&z);
    if(y<z) swap(&y,&z);
    cout<<x<<','<<y<<','<<z<<endl;
    return 0;
}
```

第47课 插 入 排 序

1. B

2.（1）p[j+1]=p[j]   （2）poker,num

3. 参考程序:

```
#include<iostream>
using namespace std;
void sort(int a[],int n)
{
    int i,j;
    for(i=2;i<=n;i++)
    {
        int temp=a[i];
        for(j=i-1;j>=1 && temp>a[j];j--)
            a[j+1]=a[j];
        a[j+1]=temp;
    }
}

int main()
{
    int n;
```

```
    int a[11];
    cout<<" 请输入 10 个同学的成绩：";
    for(int i=1;i<=10;i++)
        cin>>a[i];
    sort(a,10);
    cout<<" 你要查第几名？";
    cin>>n;
    cout<<" 第 "<<n<<" 名同学的成绩是 "<<a[n];
    return 0;
}
```

第 48 课　函数嵌套调用

1. B

2.（1）sum+=fac(i)　　（2）fsum(n)

3. 参考程序：

```
#include<iostream>
using namespace std;
int gcd(int a,int b)
{
    int r=a%b;
    while(r)
    {
        a=b;
        b=r;
        r=a%b;
    }
    return b;
}
int lcm(int a,int b)
{
    return a*b/gcd(a,b);
```

```
}
int main()
{
    int a=12,b=18;
    cout<<a<<" 和 "<<b<<" 的最小公倍数为 "<<lcm(a,b)<<endl;
    return 0;
}
```

第49课 初识递归

1. A

2.

```
*
**
***
```

3. 参考程序:

```
#include<iostream>
using namespace std;
double sum=0;
double fun(int n)
{
if(n==1) sum=10;
else sum+=fun(n-1)*1.8;
return sum;
}
int main()
{
cout<<fun(7);
return 0;
}
```

第 50 课　成绩管理系统

1. A

2. ① *a=*b　② len/2　③ a,len

3. 参考程序:

```
#include<iostream>
using namespace std;
int months[13]={0,31,28,31,30,31,30,31,31,30,31,30,31};
bool check(int year)
{
    if(year%4==0&&year%100||year%400==0) return true;
    else return false;
}
int cal(int year,int month,int day)
{
    int sum=0;
    if(check(year)) months[2]=29;
    else months[2]=28;
    for(int i=1;i<month;i++)
        sum+=months[i];
    sum+=day;
    return sum;
}
int main()
{
    int year,month,day;
    cout<<" 请输入年、月、日: "<<endl;
    cin>>year>>month>>day;
    cout<<year<<" 年 "<<month<<" 月 "<<day<<" 日 "<<" 是今年的第
"<<cal(year,month,day)<<" 天 "<<endl;
    return 0;
}
```

第51课 学生名单登记

1. A

2.（1）错 （2）B

3.（1）stu[i].num=i

　（2）(stu[i].score[0]+stu[i].score[1]+stu[i].score[2])/3.0

4. 参考程序:

```cpp
#include<iostream>
using namespace std;
struct Student
{
    int num;
    string name;
    char sex;
    int age;
    string address;
    int post;
    string phoneNumber;
};
int main()
{
    Student stu;
      cin>>stu.num>>stu.name>>stu.sex>>stu.age>>stu.
address>>stu.post>>stu.phoneNumber;
    cout<<stu.num<<' '<<stu.name<<' '<<stu.sex<<' '<<stu.age<<'
'<<stu.address<<' '<<stu.post<<' '<<stu.phoneNumber<<endl;
    return 0;
}
```

第52课 活动小组投票

1. B

2.（1）对 （2）B

3.（1）`int NUM=32` （2）`t[i].salary+=500`

4. 参考程序：

```cpp
#include<iostream>
#include<algorithm>
using namespace std;
struct student
{
    int num;
    string name;
    int year,month,day;
    bool operator>(const student s)const
    {
        if(year!=s.year) return year<s.year;
        else if(month!=s.month) return month<s.month;
        return day<s.day;
    }
};
int main()
{
    student stu[5];
    for(int i=0;i<5;i++)
        cin>>stu[i].num>>stu[i].name>>stu[i].year>>stu[i].month>>stu[i].day;
    student minstu=stu[0];
    for(int i=1;i<5;i++)
        if(minstu>stu[i]) minstu=stu[i];
    cout<<minstu.num<<' '<<minstu.name<<' '<<minstu.year<<' '<<minstu.month<<' '<<minstu.day;
    return 0;
}
```

第 53 课　身高排行榜

1. 10

2. 2 3 5 6 7 8 9 11 21 26

3. （1）`a.score>b.score`

  （2）`a[k-1].id<<" "<<a[k-1].score`

4. 参考程序:

```cpp
#include<iostream>
#include<algorithm>
using namespace std;
struct student
{
    int num;
    string name;
    int score;
    bool operator<(const student s)const
    {
        return score>s.score;
    }
};
int main()
{
    student stu[30];
    int n;
    cin>>n;
    for(int i=0;i<n;i++)
        cin>>stu[i].num>>stu[i].name>>stu[i].score;
    sort(stu,stu+n);
    for(int i=0;i<n;i++)
        cout<<stu[i].num<<' '<<stu[i].name<<' '<<stu[i].score<<endl;
```

```
    return 0;
}
```

第54课 锻炼计划

1. C

2. 大牙

3. （1）a.sum == b.sum && a.Chinese == b.Chinese && a.num<b.num

（2）a[i].sum = a[i].Chinese + a[i].math + a[i].English;

4. 参考程序：

```cpp
#include<iostream>
using namespace std;
int s[100][100];
struct node
{
    int a, b, c, d;
}x,y;
int main()
{
    bool t=0;
    cin>>x.a>>x.b >> x.c >> x.d;
    for(int i = x.a; i <= x.b; i++)
        for (int j = x.c; j <= x.d; j++)
            s[i][j]++;
    cin >> y.a >> y.b >> y.c >> y.d;
    for(int i = y.a; i <= y.b; i++)
    {
        if(!t)
        for(int j = y.c; j <= y.d; j++)
        {
```

```
                if(s[i][j]==1)
                {
                        cout<<"True";
                        t=1;
                        break;
                }
        }
    }
    if(!t)cout<<"False";
    return 0;
```

第55课　指　　针

1. B

2. B

3.（1）*p　　（2）sum+=*p

4. 参考程序:

```
#include<iostream>
using namespace std;
void swap(int *a,int *b)
{
    int c;
    c=*a;
    *a=*b;
    *b=c;
}
int main()
{
    int a,b;
    cin>>a>>b;
    swap(&a,&b);
```

```
cout<<a<<" "<<b;
return 0;
}
```

第 56 课 逻 辑 运 算

1. C

2. 2,0

3. 参考程序:

```
#include<iostream>
using namespace std;
int main()
{
    int a,b,c;
    int num[100];
    int cnt=0;
    for(a=1;a<=4;a++)
        for(b=1;b<=4;b++)
            for(c=1;c<=4;c++)
            {
                if(a!=b&&b!=c&&a!=c)
                    num[cnt++]=a*100+b*10+c;
            }
    cout<<" 一共有 "<<cnt<<" 个 "<<endl;
    for(int i=0;i<cnt;i++)
        cout<<num[i]<<' ';
}
```

第 57 课 二 进 制

1. A

2. 8

3. 参考程序:

```cpp
#include<iostream>
using namespace std;
int main()
{
    int a[20],b[20];
    int n=75,m=83,cnta=0,cntb=0,x;
    x=n;
    while(x)
    {
        a[cnta++]=x%2;
        x/=2;
    }
    x=m;
    while(x)
    {
        b[cntb++]=x%2;
        x/=2;
    }
    int num=0;
    for(int i=0;i<cnta;i++)
        if(a[i]!=b[i]) num++;
    cout<<" 有 "<<num<<" 位不相同 "<<endl;
    return 0;
}
```

第58课　学生成绩读写

1. A

2. 输出一个两位数以及它的平方,使得其平方满足于 AABB 的形式(A 可能等于 B)。

3. (1) !fout   (2) x%2!=0

4. 参考程序:

```cpp
#include<iostream>
#include<fstream>
using namespace std;
ifstream fin("math.in");
ofstream fout("math.out");
int main()
{
    int num,score,a=0,b=0,c=0,d=0,e=0;
    string name;
    while(fin>>num>>name>>score)
    {
        if(score>=90&&score<=100) a++;
        else if(score>=80) b++;
        else if(score>=70) c++;
        else if(score>=60) d++;
        else e++;
    }
    fout<<" 优秀 "<<a<<" 人 "<<endl;
    fout<<" 良好 "<<b<<" 人 "<<endl;
    fout<<" 中等 "<<c<<" 人 "<<endl;
    fout<<" 及格 "<<d<<" 人 "<<endl;
    fout<<" 不及格 "<<e<<" 人 "<<endl;
    return 0;
}
```

第 59 课　文件重定向

1. D

2. nopqrstuvwxtzbcdedfghirtlm

3.（1）n%i==0　　（2）isprime(number)

4. 参考程序：

```cpp
#include<iostream>
using namespace std;
int main() {
    int x,cnt=0;
    cin>>x;
    freopen("math.in","r",stdin);
    int num,score;
    string name;
    while(cin>>num>>name>>score)
    {
        if(score>x) cnt++;
    }
    cout<<cnt;
    return 0;
}
```

第 60 课　成绩管理系统升级版

1. D

2. （1）days2+365+leap(i)

（2）date1.year<=date2.year && date1.month<=date2.month && date1.day<date2.day

3. 参考程序：

```cpp
#include<iostream>
using namespace std;
struct BMI{
    string name;
    float bmi;
```

```cpp
        float weight;
        float height;
        string info;
        void input()
        {
            cin>>name>>weight>>height;
            bmi=weight/height/height;
            if(bmi<18.5)
                info=" 降低 ";
            else if(bmi<25.0)
                info=" 平均水平 ";
            else if(bmi<30.0)
                info=" 增加 ";
            else if(bmi<35.0)
                info=" 中度增加 ";
            else if(bmi<40.0)
                info=" 严重增加 ";
            else
                info=" 非常严重增加 ";
        }
        void output()
        {
            cout<<name<<'\t'<<weight<<'\t'<<height;
            cout<<'\t'<<bmi<<'\t'<<info<<endl;
        }
};
int main()
{
    freopen("student.in","r",stdin);
    freopen("student.out","w",stdout);
    BMI a[31];
    BMI max;
    int i;
    max.bmi=0;
```

```
        cout<<" 姓名 "<<'\t'<<" 体重 "<<'\t'<<" 身高 ";
        cout<<'\t'<<"bmi"<<'\t'<<" 危险性 "<<endl;
        for(i=0;i<4;i++)
        {
            a[i].input();
            a[i].output();
            if(a[i].bmi>max.bmi)
                max=a[i];
        }
        cout<<"BMI 指数最高的那位同学为: "<<endl;
        max.output();
        return 0;
}
```